华章心理

打开心世界 · 遇见新自己

无条件接纳自己

The Myth of Self-Esteem
How Rational Emotive Behavior Therapy Can Change Your Life Forever

[美] 阿尔伯特·埃利斯（Albert Ellis） 著
刘清山 译

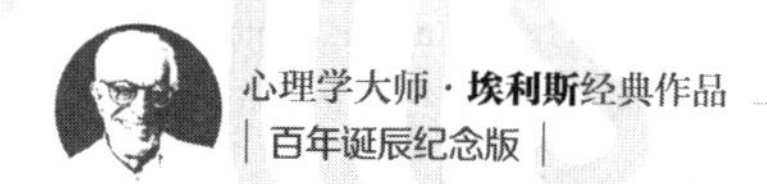

机械工业出版社
China Machine Press

图书在版编目（CIP）数据

无条件接纳自己 /（美）阿尔伯特·埃利斯（Albert Ellis）著；刘清山译．—北京：机械工业出版社，2017.3（2021.4 重印）
（心理学大师·埃利斯经典作品）
书名原文：The Myth of Self-Esteem: How Rational Emotive Behavior Therapy Can Change Your Life Forever

ISBN 978-7-111-56086-9

I. 无… II. ①阿… ②刘… III. 人生哲学－通俗读物 IV. B821-49

中国版本图书馆 CIP 数据核字（2017）第 027961 号

本书版权登记号：图字：01-2016-9650

Albert Ellis. The Myth of Self-Esteem: How Rational Emotive Behavior Therapy Can Change Your Life Forever.

Copyright © 2005 by Albert Ellis.

Simplified Chinese Translation Copyright © 2017 by China Machine Press. This edition is authorized for sale in the People's Republic of China only, excluding Hong Kong, Macao SAR and Taiwan.

No part of this book may be reproduced or transmitted in any form or by any means, electronic or mechanical, including photocopying, recording or any information storage and retrieval system, without permission, in writing, from the publisher.

All rights reserved.

本书中文简体字版由 Albert Ellis 授权机械工业出版社在中华人民共和国境内（不包括香港、澳门特别行政区及台湾地区）独家出版发行。未经出版者书面许可，不得以任何方式抄袭、复制或节录本书中的任何部分。

无条件接纳自己

出版发行：机械工业出版社（北京市西城区百万庄大街 22 号 邮政编码：100037）
责任编辑：岳小月　　责任校对：殷　虹
印　　刷：北京市荣盛彩色印刷有限公司　　版　　次：2021 年 4 月第 1 版第 9 次印刷
开　　本：170mm × 242mm 1/16　　印　　张：17.75
书　　号：ISBN 978-7-111-56086-9　　定　　价：69.00 元

客服电话：（010）88361066 88379833 68326294　　投稿热线：（010）88379007
华章网站：www.hzbook.com　　读者信箱：hzjg@hzbook.com

版权所有 • 侵权必究
封底无防伪标均为盗版
本书法律顾问：北京大成律师事务所 韩光 / 邹晓东

The Myth of
Self-Esteem

目　录

The Myth of
Self-Esteem

对话大师

李孟潮专访埃利斯

心理治疗流派层出不穷，但实际上真正得到承认的只有屈指可数的几个。这几个重要流派的开山宗师堪称凤毛麟角，阿尔伯特·埃利斯就是其中一位。

全世界学习心理治疗的人都会在教科书里找到这个名字，都知道他是理性情绪行为疗法（rational emotive behavior therapy，REBT）的创始人。如果你不知道的话，就要当心自己的学业前途了。笔者曾有幸在埃利斯 89 岁那年采访到这位世界心理学巨匠，谈话内容在此分享给诸位读者。

李孟潮： 您写过这么多书，年近九旬仍每周工作 80 小时以上，保持如此神奇精力的秘诀是什么？

埃利斯： 我在 89 岁依然能有很多精力努力工作，第一个秘诀是遗传——我的母亲、父亲和哥哥都是精力充沛的人！第二个秘诀是，我对自己实行理性情绪行为疗法（以下皆依埃利斯原话简称为 REBT），所以我坚决反对任何人扰乱我在做的任何事情，我也反对去扰乱别人在做的事情或这个世界上正在发生的任何事情。

李孟潮： 想不到 REBT 还能让人精力充沛。您的业余时间都做些什么呢？

埃利斯： 实际上我几乎没有什么业余时间，有一点空闲时，我喜欢听音乐和读书。

李孟潮： 中国人总是对别人的私生活感兴趣。也许美国人不太习惯被问——请问您结婚了没有？您的家庭是什么样的？

埃利斯： 我结过两次婚，还和一位女士同居了 36 年，但现在我又是单身了。我很喜欢单身的生活。我没有孩子，但我和兄弟姐妹、父母相处得很融洽。

李孟潮： 好似在您 40 岁前遇到过不少挫折，也换过不少职业，至少有作家、商人、心理咨询师这三个职业吧？现在回首往事，您认为这样的经历对您有什么意义吗？

埃利斯： 我这一生中曾经至少转换过三个职业，这个事情仅仅意味着，在一段时间内，我会全神贯注于一项事业，然后由于各种原因我会改变，并且同样全神贯注于下一项事业。

李孟潮： 您经历过很多刺激事件，您怎样处理这些事件呢？

埃利斯： 我是这样处理我生活中的刺激事件的——并不要求这些刺激事件不要有刺激性，也不为这些事情感到焦虑或忧郁，因此我在处理这些事情时就能做到最好。

李孟潮： 能用一句话介绍一下 REBT 吗？

埃利斯： REBT 还真不能用一句话来概括，但如果我来试试的话，我会这么说，REBT 是这样一种理论，它认为人们并非被不利的事情搞得心烦意乱，而是被他们对这些事件的看法和观念搞得心烦意乱，人们带着这些想法，或者产生健康的负面情绪，如悲哀、遗憾、迷惑和烦闷，或者产生不健康的负面情绪，如抑郁、暴怒、焦虑和自憎。

当人们按理性去思维、去行动时，他们就会是愉快的、行有成效的人。人的情绪伴随思维产生，情绪上的困扰是非理性的思维所造成。理性的信念会引起人们对事物适当、适度的情绪反应；非理性的信念则会导致不适当的情绪和行为反应。当人们坚持某些非理性的信念，长期处于不良的情绪状态中时，最终将会导致情绪障碍的产生。

非理性信念的特征有：（1）绝对化的要求，比如“我必须获得成功”“别人必须很好地对待我”“生活应该是很容易的”，等等。（2）过分概括化，即以某一件事或某几件事的结果来评价整个人。过分概括化就好像用一本书的封面来判定一本书的好坏一样。一个人的价值是不能以他是否聪明，是否取得了成就等来评价的，人的价值在于他具有人性。因此不要去评价整体的人，而应代之评价人的行为、行动和表现，每个人都应接受自己和他人是有可能犯错误的人类一员（无条件自我接纳和无条件接纳他人）。（3）糟糕至极。这是一种认为如果一件不好的事发生将是非常可怕、非常糟糕，是一场灾难的想法。非常不好的事情确实有可能发生，尽管有很多原因使我们希望不要发生这种事情，但没有任何理由说这些事情绝对不该发生。我们将努力去接受现实，在可能的情况下去改变这种状况，在不可能时学会在这种状况下生活下去。

理性情绪行为疗法，简单来说就是让来访者意识到自己非理性的思维模式，并与之辩论，从而达到“无条件自我接纳”。

大部分心理治疗流派都会比较倾向于使用或认知或行为或情绪的方法，但是 REBT 是一个比较独特的流派，它三种方法都使用，并清楚地认识到认知、行为、情绪是相互作用的。所以，我们以一种情绪和行为的模式使用认知技术，以一种认知和行为的模式使用情绪技术，以一种认知和情绪的模式使用行为技术。

李孟潮： 哪一类咨询者可以寻求 REBT 治疗师的帮助？

埃利斯： 几乎每个人都可以，只要他愿意持续地、充满情感地、坚强地去探索自己是如何使自己烦恼的，并愿意努力摆脱让自己烦恼的方式，REBT 治疗师就可以帮助他。

李孟潮： 您在创立 REBT 时一定面临了很大的压力，以当时的眼光来看，那是对弗洛伊德的背叛。直到前不久，您还说过根据您的标准来看，弗洛伊德还不够性感。能告诉我们这句话是什么意思吗？

埃利斯： 我说弗洛伊德不够性感的意思是指，其实弗洛伊德的内心像个老处女，他把性行为的很多种形式都看作变态或异常的。一个真正的性心理治疗师会认为，只有极少数性行为是不好的或不道德的，虽然在有些社会环境中会坚持认为这些行为是异常的。

李孟潮： 目前中国的心理治疗事业刚刚起步，如果中国的心理咨询师想要学习 REBT，应该怎么做？需要什么样的条件和过程才能成为 REBT 治疗师呢？

埃利斯： 成为 REBT 治疗师的条件和过程是，多读一些我写的书，听我的磁带和录像带。当然，最好是直接参加我们的培训，我们每年都会在全世界举办很多次培训。

李孟潮： 当前中国的心理治疗师面临的一个问题就是经济问题。有些咨询者和部分治疗师认为，心理治疗应该是和商业活动无关的；也有的治疗师认为，心理治疗中蕴含着无穷的商机。您看起来是一个很特殊的治疗师，既具有很大的知名度，又有很多通过 REBT 赚钱的途径。您对赚钱和无私地帮助别人之间的冲突是怎么看的？

埃利斯： 实际上我并没有通过 REBT 赚到什么钱，因为我所做的一切都是为了阿尔伯特·埃利斯研究所，这是一个非营利机构。我的书的版税和其他收入都直接归到研究所，而不是我个人。对钱的强烈欲望时常让人们做更多自私的事，也阻止人们做到 REBT 所说的“无条件接纳他人”，可我不是这样的。

李孟潮： 您怎么看中国文化？其中有和 REBT 相似的地方吗？

埃利斯： 我认为中国文化有些地方和 REBT 是相似的，因为佛教的一个主要观点就是承认这个世界和生活中一直都有痛苦存在，人们没必要喜欢这些痛苦，但可以建设性地接受它，从而不让自己那么烦恼，能够更好地处理问题。

李孟潮： 对今天的中国您有什么想要了解的？

埃利斯： 我对今天的中国了解很少，如果有时间的话，我想更多地了解中国。

李孟潮： 作为 89 岁的老人，回首人生，您认为在生命中什么是最重要的？

埃利斯： 我生命中最重要的事就是对自己使用美国式的 REBT 并总

是接纳我自己，虽然我也尝试着改变我做的很多事情。

李孟潮：一个大问题，也可能是一个愚蠢的问题，您对生活的态度是什么？

埃利斯：我对生活的态度是，我们不是被邀请到这个世界上来的，生活本身并没有意义，而是我们给了它意义。我们赋予生活意义的方法是，决定什么是我们喜欢的，什么是我们不喜欢的，什么是我们特殊的目标和目的，从而为我们自己选择了意义。

李孟潮：我的采访就快结束了，您想对中国的年轻人说些什么？

埃利斯：我想对中国年轻人说的是，他们很年轻，如果这个世界有不幸的事情发生——这是屡见不鲜的，他们有足够的时间，建设性地使用 REBT 或其他类似的思考方式来努力不让自己烦恼。

阿尔伯特·埃利斯简介

阿尔伯特·埃利斯（Albert Ellis，1913—2007），超越弗洛伊德的著名心理学家，理性情绪行为疗法之父，认知行为疗法的鼻祖。在美国和加拿大，他被公认为十大最具影响力的应用心理学家第二名（卡尔·罗杰斯第一，弗洛伊德第三）。

埃利斯创立了对咨询和治疗领域影响极大的理性情绪行为疗法，为现代认知行为疗法的发展奠定了基础。该疗法适用范围广、实用性强、见效快，为中国心理咨询师最常用的方法，是中国心理咨询师国家资格考试必考的疗法之一。

埃利斯在哥伦比亚大学获得临床心理学博士学位，投身心理治疗工作已60余年，治愈了1.5万多名饱受各种情绪困扰的人，并在纽约创立了阿尔伯特·埃利斯理性情绪行为疗法学院。

埃利斯是精力充沛而多产的人，也是心理咨询与治疗领域著作最丰厚的作者之一。多个核心心理咨询期刊都曾刊登过埃利斯的文章，他的文章刊登次数堪称心理咨询领域之最。他一生出版了70多本书籍，其中有许多都成为长年畅销的经典，有几本著作销量高达数百万册。

2003年，在他90岁生日的那天，他收到多位公众知名人物的贺电，其中包括美国前总统乔治·布什、比尔·克林顿，前国务卿希拉里·克林顿。

在2007年的《今日心理学》杂志上，他被誉为“活着的最伟大的心理学家”。

他是史上最长寿的心理学家，2007年安然辞世，享年93岁，被美国媒体尊称为“心理学巨匠”。

生平

1913年9月27日，阿尔伯特·埃利斯出生在美国匹兹堡的一个犹太人家庭，是3个孩子中的长子。

4岁时，埃利斯全家移居纽约市。

5岁时，埃利斯因肾炎住院，因此不能再从事他所热爱的体育运动，从而开始热爱读书。

12岁时，埃利斯父母离婚了。他的父亲长年在外经商，对自己少有关爱；母亲性情冷漠，喜欢说教，却从不倾听。曲折的经历让他对人的心理活动充满兴趣，小学时埃利斯就已经是个很能解决麻烦的人了。

进入中学以后，埃利斯的目标是成为美国伟大的小说家。为了这个目标，他打算大学毕业后做一名会计师，30岁之前退休，然后开始没有经济压力地写作，因此他进入了纽约市立大学商学院。经济大萧条击碎了他的梦想。他仍然坚持读完大学，并且获得了学位。

大学毕业后，埃利斯开始做生意，生意不好不坏。这时埃利斯对文学还是痴心不改，他把大多数时间都用来写纯文学作品。

28岁时，他已写了一大堆作品，可都没有发表。这时他意识到，自己的未来不能靠写小说生活，于是开始专门写一些非文学类的杂文，并加入了当时的“性-家庭革命”。他发现很多朋友都把他当作这方面的专家，并向他寻求帮助。此时，埃利斯才发觉原来他像喜欢文学一样喜欢心理咨询。

1942 年，埃利斯开始攻读哥伦比亚大学临床心理学硕士学位，主要接受精神分析学派的训练。

1943 年 6 月，埃利斯获得哥伦比亚大学临床心理学硕士学位。

1947 年，埃利斯获得临床心理学博士学位。如同当时大部分心理学家，这时候的埃利斯是个坚定的精神分析信徒，他下决心要成为著名的精神分析师。

20 世纪 40 年代后期，埃利斯已经在当地的精神分析界小有名气，他在哥伦比亚大学做教授，还先后在纽约市以及新泽西州的几所机构身居要职。可就在此时，埃利斯开始对自己钟爱的精神分析事业产生了怀疑。

1953 年 1 月，埃利斯彻底与精神分析分道扬镳，开始将自己称为理性临床医生，提倡一种更积极的新的心理疗法。

1955 年，他将自己的新方法命名为理性疗法（rational therapy，RT)。这种疗法要求临床医生帮助咨询者理解，自己的个人哲学（包括信仰）导致了自己的情感痛苦。例如“我必须完美”或“我必须被每个人所爱”。

1961 年，该疗法改名为理性情绪疗法（rational emotive therapy，RET）

1993 年，埃利斯又将该疗法更改为理性情绪行为疗法（rational emotive behavior therapy，REBT)。因为他认为理性情绪疗法会误导人们以为此疗法不重视行为概念，其实埃利斯初创此疗法时就强调认知、行为、情绪的关联性，而且治疗的过程和所使用的技术都包含认知、行为和情绪三方面。

2004 年，埃利斯罹患严重的肠炎。

2007 年 7 月 24 日，埃利斯自然死亡，享年 93 岁。

The Myth of
Self-Esteem

前　言

自尊是病吗

自尊是病吗？这要看你怎么定义了。根据普通人和心理学家通常的定义，我只能说它很可能是人类已知的最严重的情绪困扰，甚至比憎恨别人还要严重。憎恨别人虽然看上去已经很糟糕，但它实际上也许比自尊要好一些。

为什么憎恨和诅咒别人看上去比几乎总是导致自我仇恨的自尊更加糟糕呢？因为憎恨别人显然会导致打架、对抗、战争甚至种族灭绝。听上去真可怕！自我仇恨则会导致更加隐蔽的结果——你可能会鄙视自己，但是不一定会去自杀。也许你将一直生活在深深的自责中。

请让我花点儿时间对于自尊和自轻给出明确的定义。这件事并不简单，因为人们在过去一个世纪提出的各种定义不是模糊不清就是存在相互重叠。不过，为了写本书，这也是一件不得不做的事情。

自尊是你根据两个主要目标来评价你自身、你的生命、你的个性、你的本质以及你的整体。这两个目标是：（1）你所做的事情是否有效，是否取得了成功，包括你的学业、工作和项目。当你成功得到你想要的东西，回避你所不想要的东西时，你认为这是好的。很好。不过，你也会对自身做出评价："我是个优秀的人，因为我取得了成功！"当你没能实现目标成就时，你会说："这很糟糕，我也很糟糕。"（2）当你的目标是和他人融洽相处时，那么当你和别人相处得不错，得到了他们的认可时，如果你将这种相处和你的自尊（你作为一个人的价值）联系起来，你就会对自己说："这很好！""我是一个优秀的、有价值的人！"如果你没能得到其他重要人物的认可，你就会认为自己的努力和自己本人都是没有价值的。

听起来这是显而易见的，而且它显然会使你陷入麻烦之中。作为不完美的人，你无法保证自己在工作和爱情上永远不犯错误，所以你的自尊最多只是暂时的。即使你现在对自己的评价很高，你仍面临着再次犯错并陷入自责的危险。更糟糕的是，由于你不能立刻知道未来的结果，而且你认为自己作为一个人的价值取决于自己的成功，因此你会对重要的事情产生焦虑，这种焦虑很可能会影响你的表现，提高失败的可能性。

太糟糕了！你对自尊的需要使你更加难以得到自尊，而且使你在努力过程中变得更加焦虑。当然，如果你是一个完美的人，情况就不一样了，但这种情况发生的可能性极低。

几个世纪以前，一批哲学家（包括亚洲人、希腊人、罗马人等）意识到了这一点，发明了自我接纳方法。他们说，你可以建设性地选择永远拥有所谓的"无条件自我接纳"（USA），其方法很简单，那就是坚定地无条件接纳自己，并且保持这种接纳。

在无条件自我接纳模式下，你仍然可以选择一个重要的目标，比如工作或爱情，并对结果的好坏和成败做出评价。不过——注意！你不再对你自身，对你这个生命的"好坏"进行评价或衡量。正如现代哲学家阿尔弗雷德·科日布斯基所说，你意识到你的表现是你的一部分，但不是你的全部。你的表现是由你做出的，你在很大程度上需要对其负责，但它只是一次表现，而你的表现很容易随着时间的流逝发生变化（不管是变好还是变坏），而且总是——是的，"总是"——你的一个不断变化的特点。正如科日布斯基所说，你并不是由一次行为决定的。你是由数千次行为决定的，其中有好的行为，有不好的行为，也有无关紧要的行为。

所以准确地说，你应该这样想："我做出了这种理想或不理想的行为，它当然不是自动发生的，而是我做出来的。而且，由于我的才能和缺陷，我还会做出更多理想和不理想的行为。不过，我并不是由我的行为决定的——我只是一个表现有好有坏的人而已。"

就是这么回事。你只是评估你的思想、感情和行为的效果，但你并不对你的整个人或整体效果进行评估或衡量。实际上，这种衡量是做不到的，因为你是一个变化的个体。你并不是静止的，你会成长、发展、进步甚至退步。为什么？因为这就是你。

这是你无条件自我接纳的唯一方式吗？不。你也可以间接做到这一点。你可以相信某个人无偿地无条件接纳你。这个人可能是上帝、仙女教母、你的母亲、心理治疗师或其他人。不过，首先你需要证明这个神仙或个人的确能够无条件接纳你。换句话说，这种无条件自我接纳实际上是由你自己提供的——幸运的是，你能够做到这一点。为什么非要说上帝（或魔鬼）无条件接纳你，而不是说你自己无条件接纳你自己呢？这不是更加诚实吗？你知道有条件自我接纳（CSA）不起作用，所以你决定无条件自我接纳。这样不是很好吗？

要点是，你自己决定无条件自我接纳并把这种做法坚持下来。请这样做吧，别客气。当你无条件自我接纳时，除了你，没有人能改变这种接纳。你的决定是：（1）"我能做到这一点。"（2）"我将做到并坚持这一点。"（3）"我是自己命运的主人，我是自己灵魂的船长。"

换句话说："我接受我自己、我的存在、我的生命以及我的不完美。这很令人遗憾，不过，我仍然很好。认为自己状况不佳、没有价值的做法是愚蠢的，那会让人更容易犯错误。我很好，因为我认为自己很好。更准确地说，我是一个拥有许多优点和缺点的人，我应该对这些优缺点本身进行评价，而不是评价我这个人。"

根据定义，自尊和自我接纳都是可以获取的——只要你愿意，只要你去选择，你就可以得到它们。要么选择自尊，要么选择自我接纳。请做出选择吧！如果你能够不进行总体评价，那就更好了。选择自己的目标和价值观，然后对你的表现好坏做出评价。一定不要评价你自己、你的生命、你的整体、你的个性。你的整体情况过于复杂，变化多端，很难做出衡量。请承认这一点。

不要再抱怨了，好好生活吧！

The Myth of
Self-Esteem

第 1 章

纳撒尼尔·布兰登与自尊

当纳撒尼尔·布兰登于 1969 年出版《自尊的心理学：人类心理性质的新概念》时，他已经成了自尊方面的一位领袖。实际上，这种概念并不完全是新的，因为它忠实地遵循了艾茵·兰德的理念。也正是在这个时候，布兰登开始和兰德分手。兰德在《阿特拉斯耸耸肩》（1957）和其他几本书中将理智和能力神化，而且在这方面表现出了很强的片面性——她的代言人布兰登也是如此。

在《自尊的基本条件》一书中，布兰登提出了第一个基本要求："他保持着不可改变的理解意愿。" 拥有自尊的人需要思路清晰、头脑灵活，能够理解意识范畴内保护其心理健康和智力发展的事物。自尊的两个必要条件是自信［阿尔伯特·班杜拉（1987）后来称为自我效能］以及自我承认。

实际上，二者不一定存在关联。你可以出于各种理由承认你自己，其中一个理由包含成就、效能和能力，这也是兰德和布兰登神化真正地自我承认并认为其具有必要性的原因。

布兰登有一点是值得肯定的，他不像兰德那么死板。随着时间的推移，布兰登开始认识到，自我承认和自我接纳可以和人类的其他特点联系起来。在《自尊的六大支柱》中，布兰登（1994）变得更为自由，列出了自尊的六个要点：

- 有意识地生活的实践；
- 自我接纳的实践；
- 自我负责的实践；
- 自我肯定的实践；
- 有目的地生活的实践；
- 个人诚信实践。

这些要点听起来还像那么回事，它所包含的内容远远超出了“有能力、有成就、有效率和有理智地生活”这一范围。它包括兰德和布兰登最初所忽略的诚实、正直、承担社会责任等性格特点。你和他人生活在一起，所以你最好既尊重自己，又尊重他人。这与马丁·布伯、让－保罗·萨特、马丁·海德格尔、阿尔弗雷德·阿德勒和“理性情绪行为疗法”的存在主义观点拥有一些共同点。

不过，布兰登将自我接纳划入自尊之中，这是一件非常奇怪的事情。布兰登有时能够认识到无条件接纳的内涵，但是这种认识存在片面性。例如，他在《自尊的六大支柱》中说，你可以每天早中晚做三次自我接纳练习，方法是完全接纳（很可能是无条件的）你的身体、你的感情、你的冲突、你的思想、你的行为、你的优缺点、你的恐惧、你的痛苦、你的愤怒、你的性取向、你的快乐、你的感受、你的知识和你的兴奋。

连我自己也无法做出如此精彩的阐述！奇怪的是，布兰登保留了有条件自我接纳，并将其作为无条件自尊（实际上就是无条件自我接纳）的一部分。他认为，你可以毫无保留地接纳自己（你当然可以做到这一点），方法是首先设置成就和社会性格方面的条件——这样做不利于完全的自我接纳，但布兰登似乎没有意识到这一点。

因此，布兰登大致上属于有条件自我接纳阵营，而不是无条件自我接纳阵营。他和兰德正确地证明了能力和社会性格多么有用，多么“理性”。接着，他以典型的兰德式口吻写道，你必须（绝对必须）获得能力和社会性格，以接纳和承认你自己，也就是你的整体。

为什么是必须呢？你怎么能无“条件”接纳这些重要“条件”呢？仅仅是因为成就和社交完整性非常重要，布兰登就认为它们是必要而神圣的。这就是我要在《艾茵·兰德：她那带有法西斯主义和宗教虔诚性的狂热哲学》中指出这种哲学不切实际的原因。

至于布兰登，我认为他可以像下面这样更加清晰、更加自洽地定义他的术语。

- **有条件自尊**：当你的思想、感情和行为可以帮助你（以及其他人）取得主要目标（如健康、长寿和幸福）时，你将它们定义成“优秀”和“值得推荐”的思想、感情和行为。当你取得这些结果时，你将你自己和你的整体评价为“优秀”。因此，你的自我评价取决于你的“优秀”成就。
- **无条件自我接纳**：选择可以帮助你（以及其他人）的目标和价值观，同时坚定地接纳或承认你自己或你的整体，不管你是否表现优秀，是否获得其他人的认可。即使当你认为你的行为不理想、不利于你所选择的目标时，你仍然承认或认可你自己。

评价或评估你的思想、感情和行为，而不是你自己或你的整体。告诉你自己，“实现目的和目标当然很好，因为这是我的愿望。不过，不管我做什么，这并不能让我变成一个优秀的人或糟糕的人。我根本不需要评价自己，我需要评价的仅仅是我的思想、感情和行为。”

实际上，正如我将在本书中不断展示的那样，第三种评估形式——不评价自己，是最难实现的，因为你的天性和你所受的教育使你倾向于（不准确地）进行总体评价，你很难摆脱这种习惯。所以，科日布斯基是对的——我们生来就喜欢进行推广和过度推广。不过，只要努力，我们可以在很大程度上停止我们的过度推广行为。

同大多数心理学家和大多数普通人一样，布兰登似乎认为我们无法停止对自身以及对我们徒劳行为的责备。所以，他实际上似乎在说："你可以用任何形式责备你的优点和缺点，但是请你接纳自己。"好主意，前提是你能做到这一点。我和科日布斯基的观点是："深深地责备你的某些特点，同时承认你的一部分永远不等于你的整体，然后无条件接纳自己。"

部分显然不等于整体——你所犯下的两个错误并不意味着你的整个人都是错的。不过，即使是"理性情绪行为疗法"的一些支持者也没能认识到，一个令人发指的巨大错误，比如谋杀无辜儿童或者杀害一大群人，并不意味着凶手是一个一无是处的恶人。是的，不管你的行为多么糟糕，它们并不等同于你的整体。它们不可能等同于你的整体。即使你犯下了谋杀罪，你这个人也可能发生变化，以后不再杀人。这不会挽回受害者的损失，但它可以保持你的人性。如果你是耶稣，你会原谅希特勒吗？如果你思路清晰，你就会原谅他。当然，你可能需要帮助大屠杀受害者和他们的亲属。

这就引出了无条件接纳他人（UOA）。布兰登和兰德没有"无条件接纳他人"的概念，尤其是兰德。对于两人之间的背叛行为，布兰登从未原谅兰德，兰德当然也从未原谅布兰登。"无条件接纳他人"的观点认为，你可以谴责他人邪恶的思想、感情和行为，但你总是采取接纳（不是喜爱）罪人（不是他的罪）的基督教哲学。

这太困难了。我们看到了希特勒和兰德的邪恶行径；不过，尽管他们的天性和他们所受的教育使他们倾向于作恶，但他们仍然只对他们的恶意行为负有部分责任。和几乎所有人一样，他们拥有一定程度的"自由意志"。他们也许本可以表现得不那么卑劣。不过，他们错误地选择了自己的行为方式，表现出了错误的行为。这并不是什么巧妙的借口。不过，为了不使我们过于愤怒，为了避免未来的罪行，为了让世界变得至少不那么邪恶，我们最好在不忘记这些罪行的同时原谅他们。

这种暴行带来的教训能让我们走向和平吗？不太容易，但长期来看，这是可能的。实际上，我们几乎别无选择。我在1985年受邀在美国咨询学会发表演讲时说过，而且在之后的作品（尤其是《通往宽容之路》）中强调过，核弹头和生物武器等大规模杀伤性武器的发明实际上正在迫使我们放弃最后的报复。如果我们用核武器对付一个像希特勒这样的人，他可能会以同样的方式进行报复——无数人将因此丧命，人类也许会就此灭绝。不管我们如何证明这种报复的正义性，要不了多久，世界上就没有能够研究“正义”问题的人了。

用今天（以及明天）的武器进行毫无保留的“正义报复”是行不通的。如今，暴力行为的杀伤力比过去要大得多。世界法庭（如果它们仍然存在的话）会证明像希特勒这样的人是错误的、不公正的和残忍的，但是这种证明太迟了！

尽管，根据许多哲学家和“理性情绪行为疗法”的观点，类似于“在任何时期的任何情况下，它一定永远是正确或错误的”这种极其绝对的真理是不存在的。不过，我们仍然可以提出一些有条件的绝对准则：“如果人们严厉谴责其他人的思想、感情和行为，并且谴责他们的‘非正义性’，那么一个很有可能的后果，就是一个群体使用最致命的武器来毁灭另一个持不同意见的群体，而这个持不同意见的群体也会采取同样的行为；很快，世界性的大屠杀就会出现。”因此，各个强势群体最好以和平方式反对其他强势群体。

所以，你可以争吵，也可以保留分歧，但是请不要诉诸武力。请积极安抚敌对双方吧！

如果我目前的推理没有错误的话，为了保护自己，无条件自我接纳的人将努力做到无条件接纳别人。他们不仅将完全接纳带有错误和“罪恶”的自己，而且将接纳带有罪恶和错误的他人。他们将经常出现分歧，但他们很少为分歧而争斗。有时经过讨论，他们将大度地取得一致。不过，他们仍然会在很大程度上以和平的方式保持异议。

既然说到了这里，我们可以简短地将无条件自我接纳和无条件接纳他人扩展至无条件接纳人生（ULA）。这意味着当我们的生活中出现问题而这基本上跟我们的行为无关时——比如亲近的人去世、身体残障、飓风和洪水，我们当然可以憎恨这些逆境，但我们也可以尽量补救，并在暂时无法补救时接受这些不幸，同时看到其中的差异，就像雷茵霍尔德·尼布尔在20世纪50年代所说的那样。我们显然可以看到喜爱逆境（这很难）与接纳逆境（这仍然很难，但却是可行的）之间的区别。

我会在后面介绍，此时我们可以构建“理性情绪行为疗法”的基本思想、感情和行为。在A点（逆境），我们尽最大努力去改变不利条件。在C点（后果），我们经历悲伤、懊悔和沮丧等健康的情绪，而且常常经历恐慌、抑郁和愤怒等不健康的情绪。我们经常为C（后果）而责怪A（逆境）：“你对我不公平”“你让我感到愤怒！”

不。你也许的确对我不公平（A），但在与A点相关的B点（我的信念体系），我选择了让自己悲伤（“我希望A不曾发生，我不喜欢它，但我能够接受它”）；我选择了让自己愤怒和抑郁（“你绝对不应该对我不公平，你怎么能对我不公平呢？你真是个坏人！”），通过要求你（和其他人）表现出公平的行为，我使自己变得愤怒和抑郁。因此，在我的信念体系（B）中，我之所以对你愤怒，很大程度上是由我自己造成的。现在我可以接受你的不公平，然后让自己对你的行为产生悲伤和失望等健康的感情，但是不会对你产生愤怒这种不健康的感情。

我还会在后面谈到这一点。这里暂时做出总结：你可以选择强烈讨厌自己、他人和生活中发生的事情（A），同时仍然接受你目前无法改变的那些逆境。由此，你可以创造出无条件自我接纳、无条件接纳他人和无条件接纳人生的后果（C），而不是反对和责怪自己、他人和人生。

你可以看到，布兰登（和兰德）最初为工作上的缺陷而责备自己，然后不得不添加负责任的性格以进行弥补。这仍然是条件性的。他也在谈论无条件接纳，但他从未接触到真正的无条件接纳。从哲学角度讲，这对他仍然是一片陌生领域。

The Myth of
Self-Esteem

第 2 章

卡尔·罗杰斯与无条件积极关怀

卡尔·罗杰斯是首批强烈支持无条件自我接纳的心理学家和心理治疗师之一。最初，罗杰斯主要关注心理分析学，但在 20 世纪 50 年代，他表现出了以当事人为中心和以人为中心的鲜明特点。他像一个有些着迷的强迫症患者一样，一直在强调说，治疗师应当专注于倾听当事人的声音，站在当事人的立场上观察和感受事物，充分理解他们的思想、感情和行为，无条件地积极关怀当事人，并且和当事人保持真诚、和谐、协调的关系（罗杰斯，1957）。

我很快发现，如果罗杰斯将他列出的六个改变人格的"充分必要"条件视为理想条件或有利条件，他的说法就是正确的；如果他将这些条件视作必须遵守的准则，这种观点就是错误的。我在 1955 年开创了"理性情绪行为疗法"（埃利斯，1957，1958），并为《咨询心理学杂志》撰写了一篇文章，反对罗杰斯提出的必要条件。罗杰斯从未接受我的反对意见，但其他许多心理学家接受了我的观点。简单地说，我的反对意见是这样的：

1. 两个人需要亲自进行心理接触。错误。人们可以依靠自己和/或通过讲座、记录、布道、小说、戏剧和类似的途径形成明智的人生哲学。
2. 当事人处于矛盾、焦虑或脆弱的状态。这种说法通常是正确的。不过，一些人在一致性程度很高、不太焦虑和脆弱的时候，也可以通过治疗和建议获得很大的好处。他们在这种条件下仍然可以学习和成长。
3. 治疗师“在这种关系中应当是一个一致、真实、完整的个体”。这当然是一种非常优秀的品质。不过，许多治疗师并不具备这一特点。实际上，治疗师很少能够做到这一点，但他们有时却能给予人们极大的帮助。
4. 治疗师必须无条件地积极关怀当事人——“既不能以占有的方式关心当事人，也不能仅仅满足治疗师的需要”。很好。实际上，这是一种非常好的做法，但它显然不是必需的。有时，不关心当事人的治疗师也会给当事人带来好处；有时，当事人还可以阅读已故治疗师的作品或聆听他们的录音。
5. 改变人格的充分必要条件是“治疗师准确而富有同理心地理解当事人对自身经历的意识”。这很可能是有益的做法，但它仍然不是必需的。不准确、不具有同理心的治疗师有时仍然可以帮助他们的当事人。你也许会说，准确而富有同理心的治疗师可以更好地帮助当事人。不过，前者为当事人提供的帮助仍然是不可否认的。
6. “当事人至少应当感受到治疗师对他的接纳和同理心。”说得没错。不过，当事人感受到的接纳和同理心可能是不存在的！即使当这种接纳和同理心发挥出了非常好的效果时——事实常常如此，它们也是由当事人感受到的，并不一定是治疗师给予的。自从我为许多有记录的医患对话提供指导以来，我认识

> 了这样几位当事人：他们之所以认真完成治疗师布置的家庭作业，并取得了很大的进步，是因为他们讨厌缺乏同理心和接纳态度的治疗师，并且因此获得了自我改变的动力。

你可以从以上论述中看出，我反对的并不是罗杰斯为有效治疗提出的六个充分必要条件的价值，而是其武断性。大部分治疗师仍然认为这些条件非常“理想”，但很少有人认为他们必须遵守这些条件。其中，第四点是罗杰斯的主要观点，也是最值得给予充分支持的一点——治疗师应无条件接纳当事人的大量错误和失败，包括当事人对治疗师的抵制。罗杰斯显然不像布兰登那样，要求当事人有能力、有成效、活泼开朗，或者要求他们负责任、诚实、拥有良好的性格。罗杰斯喜欢这些特点，而且愿意帮助当事人满足这些特点。不过，这并不是一项强制性要求。如果当事人无法满足这些特点，那就顺其自然吧。他仍然完全接纳他们。罗杰斯在《个人形成论》（1961）中写道：“我所说的接纳指的是无条件地热情关注一个人的自我价值，不管他拥有什么样的状况、行为和感受。”这种说法很巧妙，而且和“理性情绪行为疗法”的立场一致。

我们并不知道罗杰斯具体是在何时形成这种“无条件自我接纳”立场的。他曾在纽约协和神学院待了两年，差一点成了一位牧师。他一定是在那里遇到了著名的神学教授保罗·田立克。在罗杰斯成为存在主义者之前，田立克曾在1953年写出了《存在的勇气》一书。不过，罗杰斯从未提到过海德格尔、萨特和田立克。这太奇怪了！

幸运的是，我在1953年读到了田立克的作品，并且迅速投入到对无条件自我接纳的研究中。罗杰斯可能是通过自己和他人的经历获得了这种独特的概念，他自己也是这样暗示的。不过，我对此表示怀疑，因为我觉得他很可能受到了田立克的影响。也许他不愿意承认这种思想是别人教出来的。他曾明确表示，这种思想仅靠教是教不出来的，必须感同身受地去体验。我当然不同意这种说法，因为我先是从田立克和其他存在主义者那里了解到这种思想，然后才在自己和其他人身上进行了实际体验。

不管怎么说，我与罗杰斯和其他许多存在主义者的观点不同。我认为教育和接受教育本身就是一种体验，这种体验之中既包含强调也包含理解。实际上，罗杰斯曾说过，“如果没有理解，接纳就会失去意义”（p.34）。同理心和教育也是如此。

在自我接纳方面，我和罗杰斯分歧最明显的地方就是他在《个人形成论》（p.35）中提出的观点：“我相信，当对方能够在一定程度上体验到（我充分接纳他）这种态度时，他一定会发生变化，一定会获得建设性的个人发展——我使用‘一定会’一词是经过深思熟虑的。”

啊！这正是罗杰斯和我在“无条件自我接纳”上保持高度一致，同时我们的治疗方法又存在根本分歧的原因。我的“理性情绪行为疗法”更像是一种主动指导的教学方法。我在为我的当事人提供无条件接纳他人（即接纳他们的所有优点和缺点）时发现，我并不能帮助其中一些人实现“无条件自我接纳”。我还见过罗杰斯及其追随者通过无条件积极关怀方法治疗过的一些当事人，你也许想象不到，他们远远没有实现“无条件自我接纳”。实际上，他们当中甚至很少有人实现无条件接纳他人。接受治疗以后，他们并不能无条件接纳他人。他们仍然会为自己犯下的错误而惩罚自己，并且严厉指责其他人犯下的错误。

例如，在 20 世纪 60 年代，我曾在 10 个月的时间里接待一位抑郁症患者，她叫多萝西，当时 33 岁。到了最后，她接受了我从不责怪她敌视父母（以及其他许多人）这一事实。不过，在将近一年的时间里，在帮助她实现“无条件自我接纳”这一点上，我几乎没有取得任何进展，尽管我成功地让她接受了父母的虐待行为。我和多萝西“无条件接纳他人”的做法并没有让她实现“无条件自我接纳”。实际上，她曾经为憎恨父母的想法而感到深深的自责，后来，在普通语义学理论的帮助下，我终于让她认识到，父母经常表现出的不良行为并不意味着他们不是好人。

我的治疗经历，以及使用罗杰斯方法的其他治疗师的经历，帮助我认识到，当事人可能同时实现“无条件接纳他人”和“无条件自我接纳”，可能只实现其中的一个，也可能一个也实现不了。让当事人学会“无条件接纳他人”通常可以更好地帮助他们实现“无条件自我接纳”，但这不是绝对的！因此，我向我的当事人介绍“无条件接纳他人”的观念并在哲学层面上向他们传授这种思想。我还反复向他们讲述“无条件自我接纳”的好处，并告诉他们如何实现这一点。与此同时，我还在对话间隙或离别之前向我的当事人提供许多情绪性－实验性练习和一些行为性作业，这也是“理性情绪行为疗法”中常见的做法。这三个特点是紧密相连的。你可以想象到，当一组方法无法很好地帮助当事人实现“无条件自我接纳”“无条件接纳他人”和“无条件接纳人生”时，另一组方法有时可以起到很好的效果。

在技巧上，我和卡尔·罗杰斯的主要区别在于，我不仅教导当事人，而且关心他们；我有时积极指导他们，有时并不提供指导；我在对话中非常投入，而且喜欢布置家庭作业。我的治疗目标常常与罗杰斯相同，但我在技巧上更具多样性。我很希望有人能够做一些治疗实验，看看是罗杰斯的方法还是常规的“理性情绪行为疗法”，更能帮助当事人实现一定程度的“无条件自我接纳”“无条件接纳他人”和“无条件接纳人生”。

我认为，如果开展这种实验，“理性情绪行为疗法”和罗杰斯的当事人中心疗法（PCT）都会为当事人提供很大帮助。一开始，同“理性情绪行为疗法”相比，“当事人中心疗法”也许可以更好地帮助他们减轻抑郁、愤怒和自我贬低的症状。我猜想，这是因为当事人通常可以将治疗师对他们的接纳转化为自我接纳和自爱。当治疗师有意对他们给予全面肯定时，他们认为治疗师在关心他们。在这种条件下，他们会对自己说："我之前觉得自己不招人喜欢，但现在我的治疗师接纳/认可了我，这说明我是可爱的，因此我是个好人。"这仍然是一种条件性自尊。

因此，接受"当事人中心疗法"的当事人常常感觉自己出现了好转，但他们实际上并没有好转；而接受"理性情绪行为疗法"的当事人更有可能无条件接纳自己，出现好转。这是一个值得测试的有趣假设。

还可以做另一个实验：让50名患有严重抑郁症的当事人接受罗杰斯的"当事人中心疗法"，另外50名当事人不仅接受"当事人中心疗法"，而且由治疗师教导他们如何在哲学层面上有意识地无条件接纳自我和他人——他们也可以不依靠治疗师的帮助，直接阅读我、科日布斯基、田立克和其他存在主义者所写的书籍。使用"理性情绪行为疗法"的哲学家埃利奥特·科恩可以告诉他们如何做到这一点。

在结束本章之前，需要说明的是，卡尔·罗杰斯的确为接纳疗法做出了杰出的贡献。没有他，当事人的体验过程中就会缺少一个重要的组成部分。我建议在使用"当事人中心疗法"的基础上教导当事人独立思考"接纳"的哲学理念，无条件接纳自己和他人。

The Myth of
Self-Esteem

第 3 章

阿尔伯特·埃利斯与无条件自我接纳

在《理性情绪行为疗法：它适用于我，也适用于你》等书中，我曾经介绍过，在 24 岁以前，我具有条件性自尊，时常遭受“表现焦虑”的折磨，有时还会出现抑郁症状。通常，我不会过于焦虑或抑郁，但对于我的第一任妻子卡瑞尔，我时常感到担心：她真的爱我吗？她足够爱我吗？她未来也会爱我吗？我就像傻瓜一样，忍受着她那极其不稳定的感情。

我整天在提心吊胆的生活中煎熬。一天晚上，在见到她以后，在“她爱我吗？她不爱我吗？”这种问题迟迟无法得到解答的情况下，我去布朗克斯植物园走了整整一个小时，终于冒出了一个能够抵抗焦虑的神奇想法：不管卡瑞尔是不是真的爱我，我都不需要她的爱，我只是想得到她的爱，仅此而已！

“想要而非需要”这一想法永远地改变了我。我仍然很在意自己是否表现出色以及卡瑞尔是否爱我，不过，我不再过度担忧和焦虑了。实际上，我已经意识到，我不需要卡瑞尔或其他任何人的爱，因为我的自我接纳并不取决于这一点。它可以给我带来快乐，但它并不是必不可少的。到后来，我更加充分地意识到了这一点。只不过，我在24岁时就认识到了这个问题的本质。要想生存，我只需要少数几样事物：食物、水和住所。爱、成功、性可以让我的生活更加丰富多彩，但它们并不是生活的基础。

这是一个革命性的新想法。这就是"理性情绪行为疗法"及其感受和行为强调（比借鉴这种疗法的其他认知行为疗法更加强调）观念、想法、认知和哲学理念的原因。一个新的想法足以使你在许多方面获得根本性的改变。例如，"你也许想得到别人的认可，但你并不需要它；你的价值并不取决于别人的认可！"

我之所以成为心理治疗师，很可能就是受到了这个想法的鼓舞——这样我就可以让更多的人接受这个想法。我立即开始志愿为我的亲朋好友（包括卡瑞尔）提供治疗服务。三年后，我进入了临床心理学研究所。

1943年，29岁的我获得了心理医生认证。从那时起，我开始迅速而有效地教导我的当事人学会不被他们想要的东西所束缚，在这个过程中，我感到非常开心。接着，我读到了保罗·田立克的《存在的勇气》，见到了比萨特和海德格尔更为清晰、在某种程度上也比科日布斯基更为出色的存在主义观念。田立克本人是个享乐主义者，他非常想要性，但并不需要它。他尤其认为，他的个人价值并不取决于个人目标的实现。他说得没错。我永远也不会放弃欲望——渴求和贪欲，但我并不会将其与我对完整自我的评价联系在一起。就是这么回事！

我开始清晰地认识到：不需要成功和爱以及无法获得成功和爱并不会降低我（或者任何人）的重要性。这只会使我成为一个暂时无法得到我想得到的一切事物的人。这是一种绝妙的想法。我重读了海德格尔、萨特和其他存在主义者的作品；我成了一个比以往更加坚定的建构主义者；我已经完全不需要卡瑞尔的爱了。具有讽刺意味的是，在之后的许多年里，包括我们离婚以后，卡瑞尔疯狂地爱着我，并且非常尊重我。

在我成为一个完全接纳他人的治疗师和教师以后，我很快发现了其他一些无条件接纳他人的独立思想家，尤其是哲学家罗伯特 S. 哈特曼。哈特曼在 1969 年写了一本精彩的书《价值的哲学》，他还和我进行了几次谈话和通信。哈特曼认为，一个人既有对于他人的外在价值，又有对于自己的内在价值，前者取决于你的行为是否符合他人的想法，后者则是因为你是一个活生生的人。你是有选择权的！而且，正如科日布斯基所说，你并不是自己的行为决定的。你的外在价值可以由不同的人在不同的时候衡量和评价，但你的内在价值无法准确评估。它非常复杂，而且一直处于变化之中，这是显而易见的。

在田立克、存在主义者、哈特曼、马丁·布伯以及阿尔弗雷德·阿德勒、普雷斯顿·莱基、罗洛·梅等少数心理治疗师之后，我在《心理治疗中的理智与情绪》（1962）以及随后的所有作品中指出，自我接纳是人为定义的，你可以选择采取或者不采取这种做法。它会给你带来极大的帮助，但它仍然是由你自己来决定的，你可以选择它，也可以不选择它。

此外，如果你选择无条件自我接纳，并且辅以深切的思考、感觉和行动，它会对你产生许多健康的影响，而且可以改善你的生活。它还是大部分自我贬低性抑郁感觉的基本解决方法，具有非常神奇的效果。

我将"无条件自我接纳"变成了"理性情绪行为疗法"中的一个持续不变的有力方法。其他认知行为疗法（比如阿伦·贝克、唐纳德·梅琴鲍姆和大卫·巴洛的疗法）的支持者，有时因为我的情绪性和重复性理念而批评我。不过，这一点也没有妨碍我。

1972 年，有人请我为一本纪念罗伯特 S. 哈特曼所做工作的书撰写一个章节。于是，我写下了长篇文章《心理治疗与人的价值》，我认为这个章节准确而充分地表现了我的无条件自我接纳观点。哈特曼教授很欣赏这一章节，他表示，如果这是我的哲学博士论文，那么仅凭这一篇论文，他就可以向我授予博士学位，这个章节“优秀而具有独创性”。

听到这种评价，我自然很高兴。1973年，我们的阿尔伯特·埃利斯研究所为《心理治疗与人的价值》出版了一本单独的小册子，我的许多当事人和研究所的其他许多当事人阅读了这本小册子，并表示他们从中获得了帮助。下面就是这篇关于“理性情绪行为疗法”及其无条件自我接纳理论的开创性论文，这个版本得到了一定的修改和更新。我仍然强烈相信其中的观点，并以此为基础对“无条件自我接纳”的工作原理及自尊和有条件自我接纳造成巨大伤害的原因进行了详细探索。如果你和我的一些当事人一样，觉得它有些冗长枯燥，你可以简略地浏览这段文字，然后阅读第5章“‘理性情绪行为疗法’可以消除人类的大部分自我”。

第4章

心理治疗与人的价值[㊀]

几乎所有心理治疗权威都认为，人对自身价值的估计是极其重要的，如果他们过于贬低自己或者自我评价不高，他们的正常表现可能会受到影响，这将使他们在许多重要方面陷入困境。因此，人们通常认为，心理治疗的一个主要作用就是提升个人的自我承认度（或者“自我力量”“自信”“自尊”“个人价值感”或“认同感”），从而使他们解决自我评价的问题（阿德勒，1926；埃利斯，1962；埃利斯和哈珀，1961；凯利，1955；莱基，1943；罗杰斯，1961）。

当人们对自身评价不高时，会出现许多问题。他们将频繁地过度沉浸于对个人糟糕状况的悔恨中，无法专心解决问题，变得越来越低效。他们可能会错误地认为像他们这样的废物基本上什么事情都做不好，因此可能会不再努力完成他们希望完成的事情；他们可能会戴着有色眼镜看待他们已经被证明的优点，认为他们实际上名不副实，只是人们还没有认识到这一点而已；或者，为了“证明”自身价值，他

㊀ 经许可，重印自约翰·威廉·戴维斯编辑的《价值与评价：纪念罗伯特 S. 哈特曼的价值论研究》(诺克斯维尔：田纳西大学出版社，1972）。

们可能处处迎合他人的喜好，以期望获得他人的承认，从而放弃按照自身意愿行动的机会，不管这种意愿是否正确（埃利斯，1962；霍弗，1955；莱基，1943）；当他们拼命想要取得成绩或者讨好别人时，他们可能倾向于在物质层面或精神层面毁灭自己（瓦兹拉威克，1978）；他们可能逃避责任，不再努力，变得“像死人一样”（梅，1969）；他们可能会毁掉他们对于创造性生活的大多数或绝大多数潜力；他们可能沉迷于自身和他人的比较之中，包括成就上的比较，而且倾向于追逐名利，而不是追求快乐；他们可能常常感到焦虑、惊慌、恐惧（埃利斯，1962）；他们可能倾向于追求短期享乐，缺乏自律（霍弗，1955）；他们可能经常采取自卫策略，表现出高人一等的架势（洛，1967）；作为补偿，他们可能会表现出极其粗野或者“阳刚”的态度（阿德勒，1926）；他们可能会对他人充满敌意；他们可能会变得异常消沉；他们可能会逃避现实世界，躲进自身的幻想之中；他们可能会产生巨大的负罪感；他们可能向世界展示虚伪的假面；他们可能毁掉他们所拥有的许多特殊才能；他们也许很容易意识到自己缺乏自我肯定，因为缺少自信而责备自己，从而做出比以前更低的自我评价（埃利斯和哈珀，1961a，1961b）；他们可能会受到许多身心反应的困扰，而这又会鼓励他们进一步贬低自己。

这份清单仍然很不完整，因为过去50年的几乎所有心理治疗文献或多或少都会谈到这个问题：当个体责备自己，对于自己的行为或无所作为感到内疚或惭愧，或者降低自我评价时，他们可能会对自身造成很大的伤害，影响或毁掉他们与别人的关系。这些文献还提出了几乎无穷无尽的推论，即当人们通过某种途径成功接受、尊重和承认自己时，在大多数情况下，他们的行为都会出现极大的好转：他们的效率将得到很大的提高；他们的焦虑、内疚、沮丧和愤怒将会减少；他们将出现更少的情绪困扰。

于是，一个问题浮出水面：既然个体对自身价值的感受对于他的思想、情绪和行为具有如此重要的影响，那么我们如何帮助他，让他不断表扬自己，使他在不管取得何种表现的情况下，在不管与他人相处时是否受欢迎的情况下，几乎总是能够接受或尊重自己呢？奇怪的是，现代心理治疗界并没有经常提出这个问题，至少没有经常以上面这种形式提出这个问题。相反，我们经常可以听到一个几乎完全相反的问题：既然一个人的自我接纳似乎取决于他在社会上取得一定程度的成功或成就，以及他与别人建立良好的关系，那么我们如何帮助他实现这两个目标，从而获得自尊呢？

乍一看，自我接纳和自我尊重似乎非常相似；实际上，如果做出明确的定义，你就会发现，二者是完全不同的。根据布兰登（1969）、兰德（1956）以及艾茵·兰德客观主义哲学其他信徒较为一致的用法，自我尊重指的是个体由于聪明、正确或有能力的表现而重视自己。从极端逻辑来看，它是“由于头脑完全致力于理智而产生的结果、表现和回报”（布兰登，1969）；“坚定不移的理性（即坚定不移地决定将自己的心理能力发挥到极限，并且使自己的知识和行为永远与之相符）是美德的唯一有效标准，也是真正的自我尊重唯一可能的基础”（布兰登，1969）。

另一方面，自我接纳意味着个体完全无条件地接纳自己，不管他是否做出了聪明、正确或有能力的表现，不管其他人是否认可、尊重或喜爱他（博恩，1968；埃利斯，1962，1966；罗杰斯，1961）。因此，只有表现良好（包括表现完美）的个体才有资格感受到自我尊重，但几乎所有人都可以感受到自我接纳。由于永远表现良好的个体在这个世界上似乎只占很小的一部分，而极易犯错误、经常表现不佳的人似乎又非常多，因此我们大多数人持续获得自我尊重的可能性非常渺茫，而不断获得自我接纳则似乎是一个很容易实现的目标。

因此，希望当事人获得程度较高的自我尊重或程度较高的有条件积极自我关怀，并以此为基础开展实践的那些心理治疗师显然受到了误导。对他们来说，更加现实的目标是帮助当事人实现自我接纳或无条件积极关怀。“无条件积极关怀”最初是由卡尔·罗杰斯和斯坦利·斯丹达尔提出的（罗杰斯，1951），这种说法似乎具有误导性暗示，因为在我们的文化中，我们之所以正面评价一个人，通常是因为他做了一件好事，或者拥有某种美好或强大的性格，或者拥有某种才华，取得了某种成就。不过，罗杰斯似乎想表达这样一层意思：在不考虑评价或成就的情况下，个体就可以接受自己并获得别人的接受。或者像我在其他地方提到的那样，一个人可以仅仅因为他是他自己、因为他活着、因为他存在而接纳自己（埃利斯，1962；埃利斯和古洛，1971）。

以哲学家尤其是存在主义哲学家为主的一批学者老老实实地解决了人的价值问题，并且试图弄清一个人怎样做才能将自己看作一个有价值的人，即使他的表现明显不合格、不成功或者不足以证明自身价值。在这些哲学家中，罗伯特 S. 哈特曼最为出类拔萃。没有人像他那样花费大量时间和精力去思考一般性的价值问题，据我所知，没有人曾像哈特曼那样对内在价值（即一个人对自身的价值）进行过如此清晰的阐释。

根据哈特曼的理论，“价值是一件事物满足其概念的程度。概念分三种类型——抽象概念、建构概念和单独概念。相应地，价值也分三种类型：（1）系统价值，对应于建构概念的满足；（2）外在价值，对应于抽象概念的满足；（3）内在价值，对应于单独概念的满足。这三种概念的区别在于，建构概念是有限的，抽象概念是可数无限的，单独概念则是不可数无限的”（哈特曼，1959，p.18）。

以这些得到清晰描述的、具有高度原创性的价值概念为基础，哈特曼将他的关注点放在了极其重要的内在价值概念上，并以我所见过的最有条理的方式用这种概念证明，人类个体作为一个独特的个人，可以无条件得到完全的接纳；只要一个人还活着，他对于自身就是有价值的；他的内在价值（即自我形象）不需要以任何形式取决于他的外在价值（即对他人的价值）。关于为什么个体不管是否拥有才能、取得成就，都可以接纳自己或者认为自己是优秀或有价值的，哈特曼给出了一些理由。

1. 如果一件事物满足其概念定义，它就是好的。因此，“好人”指的是符合人类定义的人，即拥有生命、胳膊、腿、眼睛、嘴、声音等属性的人。从这种意义上说，火星人可能不算是“好人”，但几乎所有有生命的地球人都是“好人”（哈特曼，1967，p.103）。
2. “成为一个拥有良好道德的人比成为优秀的社会成员（比如优秀的售票员、面包师或教授）更有价值，而且前者的价值是后者远远无法比拟的。不管做什么，真诚、诚实或真实的品行要比一个人所做的事情重要得多”（哈特曼，1967；p.115）。因此，只要一个女人真诚、诚实且真实——只要她去做真正的自己，她就拥有巨大的内在价值，不管其他人如何看待她。
3. 一个人可以思考宇宙中的无数事物，他也可以思考他正在思考的其中的每一件事物。他还可以思考他对自身思考的思考正在被思考，这个循环可以无限进行下去。因此，他实际上是无限的——“一个基数属于连续统的精神格式塔。这个势就是整个时空宇宙本身的势。这种关于人类价值的价值论证明的结果是，每个个体的无穷性与整个时空宇宙的无穷性是相等的”（哈特曼，1967，pp.117-118）。因此，在所有价值论系统中，人的内在价值超越了其他所有价值，他必须被视为有价值的个体或好的个体。
4. “从外延来看，存在是所有存在的总体。从内涵来看，存在是所有可以一致思考的属性的总体，它是可以思考的属性最为丰富的事物。不过，如果存在是这个总体，那么根据公理给出的‘好’的定义，存在就是好的。这是因为，如果存在是所有可以一致思考的属性的总体，那么它的好坏性就是由这种总体定义的二级属性——‘好’是定义存在的那组属性的一个属性”（哈特曼，1967）。

5. 如果一个人不承认人的内在价值比他对别人的外在价值更重要，如果他不知道“内在价值与一个人的行为没有任何关系，只与他本身有关”，他就不会看到他对自己和他人的不公正态度，他就会输掉人生和爱情，制造出一个死亡和荒凉的世界。因此，从实用角度看，为了他个人的生存和幸福，他最好完全接受这个前提：他是好的，因为他是存在的（哈特曼，1960，p.22）。
6. “我具有道德价值，因为我满足我对自己的定义。这个定义是：‘我是我。’因此，从‘我是我’这个角度看，我是一个道德上的好人。道德好坏性是一个人属于自己的程度，这是世界上最大的好坏性”（哈特曼，1962；p.20）。
7. “我对自己的定义是谁给的？当然，除了我自己，没有人会给出这种定义。所以，我把女人定义为在其内部拥有自己对于自身定义的存在……这样一来，我就知道，如果我在自身内部拥有自己对于自身的定义，我就是一个人。那么，要想成为优秀的自己，我需要满足什么属性呢？准确地说，这个属性是：意识到自己，定义自己——为了定义自己，需要意识到自己，这就是我自己的定义。因此，我越是意识到自己，我就越是能够更加清晰地定义自己——我就越是一个好人。因此，要想成为好人，一个人只需要意识到自己”（哈特曼，1967；p.11）。
8. “除非你获得完整的内在性，成为完整的自己，否则你无法获得完整的系统性或外在性，这一点很重要。换句话说，有道德的人也将成为更好的会计师、飞行员或外科医生。这些价值维度是相互嵌套的，系统维度、社交维度和人性维度是相互包含的。人性维度包含社交维度，社交维度包含系统维度。低级价值位于高级价值之内，系统价值位于外在价值之内，外在价值位于内在价值之内。你越是成为完整的自己，你在工作、社会角色和思考上的表现就越好。正是由于你的内在价值，你才能聚集资源，成为你想成为的任何角色。因此，你的内在价值和内在自我的发展并不是奢侈品，它是你自己在所有三个维度成为你自己的必要条件"(哈特曼，1967)。

9. "一个人所处的个性或内在价值维度，使他同整个外在世界即物理宇宙相比不是更有价值(因为内在价值不具有可比性)，而是无与伦比地有价值。同一个人的内在价值相比，这个世界一文不值"(哈特曼，1967)。

10. 一个个体的外在价值取决于他对人类应当符合的抽象概念的满足，而内在价值取决于他对单独概念的满足。因此，他的内在价值或个人价值无法用外在尺度衡量；他的好仅仅体现在她的内部，体现为她是一个单独的人(哈特曼，1967)。

11. "在这个世界上，一个人的诞生是一起宇宙事件，因为这个人具有无限的可能性"(哈特曼，1967，p.2)。因此，如果这个世界是有价值的，那么一个人和他的存在应当具有同样大或者更大的价值。

12. "如果从'价值是属性的丰富程度'这一价值公理进行推演，由于一个女人具有无限的属性，因此你无法得出这个人是坏人的结论。所以，一切完全取决于'好'的定义。对此，你要么设计出一套新的价值理论，要么接受这个现有价值理论的定义"(哈特曼，1967)。

哈特曼的这段论述也许不是完美无缺的，但它显然是一份极为有用的材料。如果当事人面临着极大的恐惧，认为他们的品质和特点远非理想，而且他们遇到的许多人都在某种程度上不认可他们，因此他们的内在价值即自我价值（他们错误地将这种价值与他们的外在价值即对他人的价值联系在一起）处于极低的水平，那么具有哲学倾向的心理治疗师就可以利用哈特曼的论述解决当事人的恐惧。多年来，我一直在使用哈特曼这段具有存在主义特点的论述帮助那些喜欢自我贬低的当事人，我发现，这种方法通常十分奏效。这是因为，如果存在情绪困扰的个体坚持认为自己是没有价值、没有希望的，那么我很快就可以向他们证明，这种“事实”实际上是一种假设，他们也许认为自己可以根据某种证据证明这种假设，但他们实际上是证明不了的。而且，由于他们对这种假设的固执坚持几乎总是为他们带来悲惨的结果，所以他们最好放弃这种该死的假设——这些当事人通常都会在一定程度上接受我的建议。

不过，哈特曼也承认，一个人是否相信自己是一个好人“完全……取决于‘好’的定义”。他指出，“人类具有内在价值，因此永远不会毫无价值”这一理论所依据的基本论述实际上存在重复论证和人为定义的问题。我们并没有经验性的证据来支持（或反驳）这一理论，而且这种证据似乎永远也不会出现。这种理论的确具有很强的实用性优势，因为如果采取相反的观点，认为女人或某个女人是坏人，或者不值得自己或他人尊重，我们就会得到可怕的结果。所以，要想长寿，要想快乐地生活，一个人最好相信自己是“好”人，而不是“坏”人。

我几乎不反对这种实用观点，而且我认为任何有效的心理治疗师都不会反对这种观点。不过，这种理论的哲学前提并不优雅。这种前提假设包括两点：认为自己是没有价值的人或坏人的想法通常是有害的，认为自己是有价值的人或好人的想法更加有利。不过，我觉得这两个假设并不能阻止人们做出其他有用的选择。我相信存在第三种在哲学上更加优雅、不太依赖定义、更容易符合现实经验的选择。这是一个很少被人提起的假设：对于一个人的存在来说，价值是一个没有意义的词语；将一个人称为“好人”或“坏人”是没有意义的；如果教育工作者和心理治疗师可以教会人们放弃所有“自我”概念，不再考虑任何“自我形象”，他们可能会给那些陷入困境的人提供极大的帮助，大大降低人们目前所遭受的情绪困扰。

一个女人必须在现实中评价自己吗？答案既是肯定的，也是否定的。一方面，人类这种动物显然一出生就带有强烈的自我评价倾向。因为据我所知，世界上没有哪个地方的文明女人仅仅满足于承认她还活着，整天去研究如何让自己变得更加快乐，如何减少自身的痛苦，以一种比较缺乏自我意识、既不去责备什么也不去崇拜什么的方式过完自己在世的百年。相反，她似乎总是在确定和评价自己以及自己的表现，在完成一件事情、回避另一件事情上投入大量的自我意识，相信并能强烈感受到，如果自己去做“正确”的事情、回避“错误”的事情，那么自己最终一定会进入某种天堂或地狱。

以波利尼西亚人尤其是塔希提人为例。波利尼西亚人也有许多禁忌，违反禁忌的人将会感到极其羞愧甚至憎恨自己。例如，直到今天，他们仍然严格遵守男性进入青春期时的割礼仪式；他们的餐厅和卧室是分开的；他们坚持严格的男女分工。而且，在过去，他们还根据血统和辈分区分性权利，强制要求寡妇结婚，实行例行禁欲，禁止妇女参与宗教事务，将月经期妇女隔离。他们曾在宗教和政治上非常严格：“如果没有有效的宗教支持，波利尼西亚酋长和贵族一定无法长期维持令人愤怒的特权。根据波利尼西亚教义，他们是天神的后裔，因此是神圣不可侵犯的……在塔希提，最强大的统治者出门时总要带上一名仆从，因为如果他们接触到土地，这块土地的主人以后就无法在上面走路了……一些夏威夷统治者极其神圣，当他们出现时，他们的臣民需要立即停止工作，躺在地上，并在统治者消失之前维持这个姿势，为了不影响食物供应，统治者只好在夜间巡视农田。大多数波利尼西亚酋长不能与家人一起就餐，在一些岛上，由于威望过高，他们甚至不能自己进餐，只能由别人喂食”（丹尼尔森，1956，p.52-53）。

而且，从过去到现在，波利尼西亚的整体纪律在很大程度上基于极度提升自我意识的和贬低自我意识的规则：“波利尼西亚道德显然远远没有基督教道德那样慈善。酋长能做的事情，臣民往往是不能做的。另一方面，波利尼西亚人对现有规则的遵守显然比我们要好得多。当然，这种严格‘遵纪守法’的原因在于，波利尼西亚小型社区或部落的舆论具有极大的力量和重要性，即使是刚刚来到偏远乡村的女教师和助理牧师也很难想象到这种状态。在波利尼西亚，公众的反对让人完全无法忍受，而这里的规则又不允许人们转移到另一个地区或岛屿，因为不同部落之间处于敌对状态。因此，良好的行为极其重要，是一件必须做到的事情……人们有时也会提出反对意见，但总体来看，波利尼西亚人并不是道德上的无政府主义者，而是习俗的奴隶”（丹尼尔森，1956，p.55）。

我在这里使用了大量引文，以说明即使对我们所知道的在两性方面最放纵、最宽容的一个群体来说，关于“恰当”行为的规则和仪式也是一种常态，而不是个别现象，而且人们在遵守这些规则时投入了大量自我意识；一旦违反规则，他们会感到极其羞愧甚至会自残或自杀；当他们轻视这些得到公众认可的规则时，他们很容易受到严厉惩罚甚至被献祭。实际上，我从未听说过存在这样一种文化：在这种文化中，一些成员在做出“错误”或“恶劣”行为时不会诋毁自己，不会给自己带来情绪上或身体上的惩罚。如果你知道这样一种文化，请你告诉我。

我认为，人类贬低自己、对自己的一些无效表现做出负面评价这一趋势在现实中普遍存在的原因在于，他们存在一种生物倾向，我们称为自我意识。当然，许多“低等”动物（尤其是哺乳动物和灵长类）似乎能够在某种程度上意识到“自己”，“知道”或“了解”一种行为（比如去一个可能有食物的地方）比另一种行为（比如随机探索周围的环境）更加“有益”或“值得”。不过，这些动物行为的本能属性比人类要强得多，这意味着它们并不会像人类那样经常“思考”自己的行为，它们似乎很少（如果有的话）想到对自己的想法进行思考。因此，按照正常的字面意义来说，它们没有“自我”，而且并没有特别意识到“它们”需要对自身的“良好”或“恶劣”行为负责，并由此意识到“它们”是“良好”或“恶劣”的个体。换句话说，它们仅仅在自身表现中投入了有限的（如果有的话）自我意识。

人类则不同，他们不仅拥有强烈的“自我意识”，而且具有将这种自我意识与其行为联系在一起的极强的趋势（我仍然认为这种趋势是内在的）。由于人类是一种极易受到伤害的敏感动物（同人类相比，犀牛就不太在意自己的行为，而且不太可能遭受不良影响），由于人类的生存严重依赖于认知而不是本能，因此人类对自身行为的观察和评价是大有裨益的，他们可以知道自己给别人带来了满足还是痛苦，并且沿着某个方向不断修正自己的行为。遗憾的是，当人们为了保护自身的生存和幸福而评价自己的表现时，他们也会错误地对自身进行评价，而这总是会给他们带来伤害。

现在我用理性情绪行为疗法的一个典型案例来形象地说明人类的这种趋势。理性情绪行为疗法是一种治疗体系，它所依据的假设是，当人们愚蠢地评价或总结自身以及自身行为时，他们的情绪会受到影响。理查德·罗先生来找我，他在工作上极其压抑，而且经常由于妻子在礼仪上的小错误而对她发火，以粗暴的方式对待她。我首先在一两节心理治疗中向他展示了他使自己感到抑郁的方式和原因。在A点，存在一个逆境——他工作不顺，老板经常因他的糟糕表现而提醒他。在 C 点（情绪后果），他变得抑郁。他错误地得出了这样一个结论：A 点的逆境导致了他在 C 点的异常情绪反应，或者说“后果”——“因为我缺乏工作效率，因为老板对我不满意，可能解雇我，所以我感到抑郁。”不过，我很快向他证明，如果 A 真的导致了 C，那么世界上一定存在魔法或巫术：外部事件（他的低效或老板的指责）怎么可能导致他产生某种想法或感受呢？

显然，罗对这些外部逆境做了某些事情，才使他产生了抑郁的后果。他很可能首先观察到了逆境（他的表现缺乏效果，老板不满意），然后对其进行了思考（考虑它们可能的影响，评价自己对这些影响的讨厌程度）。而且，他以极其负面的方式对这些可能的结果做出了评价。如果他没有注意到自己糟糕的工作，或者将其评价为一件好事（这可能使他摆脱自己不喜欢做的事情），那么他很难产生抑郁的感觉。他可能连高兴都来不及呢！

所以，罗很可能在 B 点（他的信念体系）对自己发出了某种信号，进行了某种想象，或者对自己说了某件事情，导致他在 C 点出现了抑郁反应。他很可能对自己陈述了一个理性信念在 RB 点：“我知道我现在的工作效率不高，老板可能解雇我；如果他真的解雇我，那我就太惨了。我当然不希望被解雇。”这种 RB 信念之所以合理，是因为如果他被解雇，他很可能会遭受不幸，他将：（1）失去收入；（2）不得不寻找下一份工作；（3）可能需要忍受妻子的不满；（4）也许下一份职位收入更低。他有一些来自经验的良好理由，可以证明被解雇不是一件好事。因此，“继续低效工作对他是一种不幸”这一 RB 假设是一个可以通过经验证明的命题。

进一步说，如果罗严格坚持自己的 RB 结论，那么他很可能不会感到抑郁；相反，他会感到不快乐、不满意、悲伤、悔恨、烦恼或沮丧等理性后果（RC）。这些都是负面情绪，但还远远没有达到抑郁的程度。为了让他感受到抑郁这一非理性后果（IC），他需要在理性信念中添加一个不健康、自我挫败、自我贬低的非理性信念（IB）："如果我持续低效工作，遭到开除，那就太可怕了；如果我的老板不认同我，将我解雇，这将是我无法承受的。这不仅说明我在工作上表现很差，而且将决定性地证明我毫无价值，永远也无法把这类工作做好，像我这样的废物，余生只能在贫穷中度过，不会有人爱我，只会有人惩罚我。"

罗的非理性信念是不健康的，原因如下：（1）这种信念是人为定义的，无法得到验证。他的工作的确缺乏效率，而且可能被开除。不过，不管这件事多么不幸，它的"可怕""糟糕"或"灾难性"都仅仅是罗的想法而已。实际上，这件事仅仅是一种不幸或不便。（2）这是一种过度泛化。他的确不喜欢被解雇，但这并不意味着他无法承受这种变故；他的工作效率的确不高，但这并不能证明他不是一个"好"人；他现在工作表现不佳，但这并不能说明他以后也无法有良好的表现。（3）这是一种不合逻辑的推理。如果他真的是一个没有价值的个体，永远无法胜任任何工作，为什么他就不值得被人关爱，只值得被人惩罚呢？如果他存在这样大的缺陷，那么我们完全可以认为他更加值得我们这些没有太大缺陷的人去关爱和帮助。不管是人还是神，谁会理直气壮地因为他被生养成了一个有缺陷的人而谴责他呢？（4）这种信念导致的结果几乎总是比缺乏工作效率的表现所导致的自然结果更加可怕，更加不幸。这是因为，如果罗认为不被认可是一件可怕的事，而且认为自己无法承受被解雇的结局，那么他很可能会变得格外焦虑不安，使工作效率进一步恶化，而不是好转，他保住这份工作的可能性也会变得更低。而且，如果老板将他开除，从而使他相信自己是没有价值的，那么他可能会在未来的工作中表现出不胜任的倾向，从而实现自己的预言——他不会取得良好的表现，而且会被再次开除（从而错误地"证明"他最初的假设）。

因此，作为理性情绪行为治疗师，我会清晰地向罗展示他的理性信念和非理性信念；我会努力帮助他分辨明智的 RB 假设和愚蠢的 IB 假设；我会告诉他怎样才能坚持对自己的行为进行 RB 评价，感受到健康的后果（悲伤、悔恨、不快乐、更加努力地提高工作效率），最大限度地降低或消除 IB 评价及其不健康的后果（恐慌感、抑郁感、更加缺乏效率等）。

类似地，我会解释罗对妻子的愤怒感，并帮助他改变这种想法。我会向罗展示，当他的妻子在 A 点的行为欠考虑、不礼貌或不公平时，他很可能首先向自己提出了这样一个理性信念："我不喜欢她的行为；我希望她能改变这一点；真是讨厌！"因此，他在 RC 点体验到了健康的后果——不满、失望、沮丧、烦恼的情绪。在 IB 点，他产生了不合理的信念："因为她表现糟糕，所以我无法忍受。她是个讨厌的人，我永远无法原谅她做出这种行为。她这样对待我，理应受到相应的惩罚！"因此，他在 IC 点感到了愤怒和自哀这种不健康的后果。如果我能说服罗坚持理智的 RB 假设，放弃谴责性的 IB 假设，他就会倾向于感到不愉快，而不是愤怒，而且很可能会更好地帮助妻子改变令人讨厌的行为。

这里的要点是，在罗（或者任何人）生命中出现在 A 点的逆境并不会使他在 C 点感到抑郁或愤怒。他在 B 点的信念（包括想法、评价和评估）才会导致这些感觉。在 A 点，他可以在很大程度上对他在 C 点时对于生命中一些行为或动因的感觉做出选择——只要他对自己的想法进行思考，敢于怀疑他的一些 IB 观念和结论，返回基于经验的 RB 假设。不过，由于人类的出生和成长环境，他很容易自然而然地倾向于像变魔术一样从 RB 结论跳到 IB 结论上；在更多的情况下，他会把自己整个人与自己的表现混淆，自动地同时对二者进行评价和评估。因此，他最终常常会责备自己和他人（即贬低自己和他人的内在价值），而不是仅仅对自己和他人的表现进行功效和合意性方面的评价。因此，他在自身以及与他人的关系上陷入了各种不必要的麻烦或情绪中。

我还要再次提出这个问题：女人必须评价自己吗？而且我还要再次回答：是的，在某种程度上的确如此，因为从生物学和社会学的角度看，她几乎不可能不这么做。从自我保护的角度看，如果她不经常评价自己的表现，那么她很快就会死去：在安全地驾驶汽车、爬山或耕种某种食物之前，她最好知道她在这些方面的能力如何，否则她可能会受伤甚至丧命。所以，为了生存，她的确需要评估自己的行为和潜力。

而且，自我评价既有明显的劣势，又有明显的优势。当你在爱情上取得成功、工作进展顺利或者画了一幅精美的油画时，如果你（既不是出于经验也不是出于科学地）给自己贴上"优秀""伟大"或"高贵"的标签，那么你至少在一段时间里倾向于比仅仅以同样方式评价自己表现的做法更加快乐。如果当你的女朋友或妻子拥有一些非常理想、令人愉快的特点时，你（不切实际地）将她评价为"光荣的""非凡的"或"女神般的"人，那么你会倾向于为你和她的关系感到庆幸。正像梅（1969）强烈指出的那样，人在很大程度上是和鬼神生活在一起的，如果你认为他们没有因此而获得很大的利益，那你就想错了。

不过，这样做真的值得吗？人们真的必须将自己和他人作为人来评价吗？过去60年，我曾做过心理治疗师、作家、教师和讲师，经过这些年的繁忙工作，我可以试探性地给出一个答案：不。人类具有极强的评价自己和评价他人的倾向，这种倾向是天生的，而且受到了社会环境的强化；不过，经过非常冷静的思考以及积极的工作和实践，他们可以持续抵抗并且最大限度地减少这种倾向；这样一来，他们很可能会变得比正常情况更加健康快乐。他们可以严格限制自己只评价自己和他人的表现，而不是对自己和他人本身进行有力评价；他们可以实事求是，真正抛弃鬼神，而不是诅咒或神化任何人或任何事情；

他们可以安于愿望和偏好，而不是创造需要和要求。我的假设是，如果他们能够做到这些，他们不会实现乌托邦（乌托邦本身是一成不变的、过于绝对的、不切实际的），但他们很可能会取得过去从未取得过的、超乎想象的自发性、创造性和满足感。下面是我支持人们对自身采取不评价态度（同时仍然评价他们的许多品质和表现）的一些主要原因。

1. 正面和负面的自我评价都是缺乏效率的，常常会严重干扰问题的解决。如果你由于自己的表现而抬高或贬低自己，那么你会倾向于以自我为中心，而不是以问题为中心，因此你的表现往往会受到影响。而且，自我评价通常需要人们反复思考，占用大量的时间和精力。你可能会耕耘你的“灵魂”，但却无法耕耘你的菜园！
2. 只有当你拥有许多才能并且没有什么缺点时，自我评价才能发挥出良好的效果；不过，从统计学的角度看，属于这个类别的人少之又少。自我评价往往还需要人们拥有全面的竞争力，而能够满足这个要求的人同样凤毛麟角。
3. 自我评价几乎总是得到高人一等或者低人一等的结果。如果你将自己评价为“好”，那么你通常会将他人评价为“差”或“不太好”；如果你将自己评价为“差”，那么你就会认为其他人“不太差”或“好”。所以，你实际上强迫自己在“好坏”上与他人竞争，而且不断产生嫉妒、猜忌或者高人一等的感觉。这种思想和感觉很容易不断导致个体冲突、群体冲突和国际冲突；关爱、合作以及其他形式的同情被挤到了一边。认为你的某一项品质比别人更好或更差的想法也许并不重要，甚至是有益的（因为你可以根据你对别人优秀品质的认识，帮助你获得这种品质）。不过，认为你这个人比别人更好或更差的想法可能会给你们两个人同时带来麻烦。

4. 自我评估会提高自我意识，因此往往会将你的内心封闭起来，缩小你的兴趣和快乐范围。伯特兰·罗素说过："我们应当努力避免以自我为中心的感情，并且努力获得那种阻止我们的思想永远停留在自己身上的情感和兴趣。大多数人都不愿意待在监狱里，而将我们的内心封闭起来的感情是一种最恶劣的监狱。在这种感情中，最常见的例子有恐惧、嫉妒、罪恶感、自哀以及自负"(罗素，1965)。
5. 因为你的少数行为而责备或表扬你的整个个体的做法是一种不科学的过度泛化。朱尔斯·亨利说过："我曾将那种将一个孩子在心理上转变成怪物或废物之类其他事物的做法，称为致病变态。波特曼太太将(她的儿子)皮特称为'人形垃圾桶'；她对皮特说，'你身上的异味真难闻'；当皮特不坐在自己的高脚椅上时，波特曼太太就会把垃圾袋和旧报纸放在椅子上；她将皮特称为脱线先生，而且从不使用他的本名。于是，他成了一个有异味的怪物、一个废物、一个小丑"(亨利，1963)。不过，亨利并没有指出，如果波特曼太太将她的儿子皮特称为"天使"，并对他说，"你有天堂的味道"，那么她也会通过致病变态将皮特看成他所不属于的事物，即神圣的存在。皮特是一个人，他只是偶尔散发异味(或者说天堂味道)而已，他并不是难闻的(或者说拥有天堂味道的)人。
6. 当人类自身受到赞美或谴责时，这种评价带有一种强烈的暗示，那就是人们应当因为自身的"好"或"坏"得到奖励或惩罚。不过，正如上面所说，如果他们是"坏"人，那么他们已经因为自己的"腐坏性"而陷入了极度不利的境地，如果我们进一步因为他们的"腐坏"而惩罚他们，那就太不公平了。如果他们是"好"人，那么他们已经因为自己的"优秀"而得到了很大的好处，再去因为这件事情而奖励他们就显得多余或者不公平了。因此，自我评价极大地违反了人类的公平。

7. 由于一个人的优秀品质而对其做出很高的评价，往往相当于神化这个人；反过来，由于一个人的恶劣品质而对其做出很低的评价，相当于妖魔化这个人。不过，由于我们似乎没有办法证明鬼神的存在，而且由于人类完全可以在没有这些冗余假设的情况下生活，所以这只会给人类的思想和行为带来混乱，很可能弊大于利。此外，不同的人和不同的群体对于神仙和魔鬼的理解显然存在巨大差异；这种理解不会增进人类的知识，而且通常会影响精确的自我沟通和人际沟通。愚蠢而软弱的人也许可以通过创造超自然的存在而受益，但没有证据表明，理智而强大的人拥有这种需要。
8. 偏执和对个体本身缺乏尊重是评价自己和他人的结果。如果你因为A是白人和受过良好教育的人而接纳他，因为B是黑人和中学辍学生而排斥他，那么你显然没有把B当作一个人来尊重——同时你当然也在偏执地轻视数百万和他一样的人。偏执是武断的、不公平的，可能带来冲突，它不利于社会生活。正如乔治·阿克斯特尔所说，“人是一种充分社会化的动物。只有当他们相互尊重对方本身的目的时，他们才能更加充分地意识到自己的目的。相互尊重是个人有效性和社会有效性的一个重要条件。它的对立面（包括仇恨、蔑视、隔离、剥削）将使所有相关人员无法意识到他们的价值，因此它们对所有有效性具有深刻的毁灭性”（阿克斯特尔，1956）。当你谴责一个个体（包括你自己）拥有或者缺乏任何一种品质时，你就会变得更加接近于一个专制主义者或法西斯主义者，因为评价人的本质就是法西斯主义（埃利斯，1965a，1965b）。
9. 当你评价一个个体时（即使只是以恭维的方式评价），你往往想要改变他、控制他或者操纵他；你所设想的这种改变可能对他有好处，也可能没有好处。理查德·法森指出："通常，赞扬的话语要求一个人做出的改变不一定对被赞扬的人有好处，但它会增加赞扬者的便利、快乐或利益"（法森，1966）。评价可能会使个体感到他对评价者负有责任，认为自己有义务或不得不改变自己，从这个意义上说，他可能远远没有做到自己想要做的那个自己。因此，对一个人的积极或消极评价完全可能鼓励他成为一个不属于自己的个体、一个缺乏自主的个体，而不是自己想要成为的个体。

10. 对个体的评价往往会支持现有制度，阻碍社会变革。这是因为，当一个人对自己进行总结时，他不仅习惯于告诉自己"我的行为是错误的，我觉得未来自己最好努力做出改进"，而且喜欢对自己说，"我是错误的，我做出了这些糟糕的行为，是个'没用的人'。"由于"错误"的行为在很大程度上是由社会标准衡量的，而且大多数社会都是由数量有限的"上层"人士操纵的，这些既得利益者强烈希望保持现状，因此自我评价常常鼓励个体遵守社会规则（不管这些规则多么武断和愚蠢），尤其是鼓励他们追求当权者的认可。盲从是自我评价最糟糕的产物之一，通常意味着遵守现有制度的规则，这些规则虽然历史悠久，但是不一定符合正义。

11. 自我评价和他人的衡量往往会破坏同理倾听。正如理查德·法森所说，两个人之间密切真诚的关系常常是通过仔细聆听实现的："这不仅仅意味着等一个人把话说完，而且意味着努力看清世界在这个人的眼里是什么样的，并将这种理解传达给他。这种不带评价的同理心倾听，既能让你听到对方的话语，也能让你体会到对方的感受；也就是说，它能让你理解对方想要表达的完整含义。它意味着没有评价，没有判断，没有同意（或反对）。它仅仅让你理解对方的感受以及他想要传达的意思；它能让倾听者接纳对方的感受和想法，虽然你可能不认同它们，但你至少知道对方是认同的”（法森，1966）。不过，如果一个人倾听另一个人时对他（以及自己）进行评价，那么这个人通常会产生偏见，无法完全理解和接近对方。

12. 对人的评价往往会贬低人的欲望、愿望和偏好，并将它们替换成要求、冲动和需要。如果你不去衡量你的自私，你就会倾向于不断问自己：“在我相对很短的存在时间里，为了获得最大限度的满足感，同时最大限度地减少痛苦，我真正想要做的是什么呢？”如果你衡量自我，你就会倾向于不断问自己：“为了证明我是一个有价值的人，我需要做什么呢？”正如理查德·罗伯特耶罗所说，“人们不断否定他们，仅仅由于想要一件事物而获得这件事物的权利，以及仅仅由于喜欢一件事物而享受这件事物的权利。他们几乎无法让自己仅仅由于快乐而获得某件事情，必须证明这是他们赚来的；或者是他们承受了足够多的痛苦换来的；或者证明虽然他们喜欢这件事情，但他们这么做完全是一种利他行为，是为了其他某个人的利益……似乎最大的罪恶就仅仅是由于喜欢而去做一件事情，不去考虑为其他人带来好处，或者这件事情不是为了延续我们的生存而绝对必须要做的事情”（罗伯特耶罗，1964）。愚蠢的自我正当性就是这样诞生的！
13. 明确一个人的价值往往会破坏他的自由意志。在正常情况下，一个人很少拥有足够的自我指导，因为即使是他最“自愿”的活动，也会受到遗传和环境的显著影响；当他认为他的某个想法、感觉或行动真的“属于他”时，他实际上忽略了最重要的一些生物社会性因素。一旦一个人给自己贴上“好人”“坏人”“天才”或“白痴”的标签，他就会将自己完全装进这些套子里，因此几乎一定会使随后的许多行为受到影响，出现偏差。比如说，一个“坏人”或“白痴”怎么能以任何程度确定自己未来的行为呢？他怎么能努力实现自己的目标？进一步说，一个“好人”怎么能做出不好的行为？一个“天才”怎么能在杰出作品之外创作出平庸的作品？当一个人根据这些对于自我的一般性指定进行思考时，他几乎会自动为自己添加抑制创造性的愚蠢的限制条件。

14. 对一个人给出准确完整的评价很可能是无法实现的，原因如下。
    a. 评价一个人所具有的品质很可能每年都在变化，甚至每时每刻都在变化。人不是一件事物或物体，而是一个过程。一个不断变化的过程怎么能得到准确衡量和评价呢？
    b. 评价一个人所具有的特点没有绝对的评判尺度。一个社会群体极为重视的品质可能会受到另一个群体的严厉谴责。杀人犯可能会被法官视为可怕的罪犯，但被将军看作优秀的战士。一个人的素质（如作曲能力）在这个世纪可能极为精湛，在下个世纪可能又会沦为平庸。
    c. 为了全面评价一个人，需要对他的每一种正面和负面行为给出特定的权重。比如说，如果一个人帮了朋友一个小忙，并且极其努力地救下了100个溺水的人，那么他的后一种行为得到的分数通常会比前一种行为高得多；如果他对妻子撒了一个谎，并且打了孩子一顿，人们就会认为他的第二种行为比第一种行为可恨得多。不过，谁能为他的各种行为给出准确的权重，以便最终确定他的总体“好坏”程度呢？如果地球上存在一个圣彼得，能够记录一个人的每一个行为（以及思想），并能迅速评价出他将来能够上天堂还是下地狱，这件事情就方便多了。不过，这种圣彼得以任何形式（包括永远正确的计算机）存在的可能性又有多大呢？

d. 我们用什么样的数学方法能够得到一个人的总体价值得分？假设一个个体做了1000件好事，然后邪恶地将某个人拷打至死。为了得到他的总体评价，我们是否应当将他的所有善行以算术方式加起来，然后将这个和值与他的恶行加权和进行比较？或者，我们是否应当使用某种几何平均方法来评估他的“善良度”和“邪恶度”？我们用哪种系统来“准确”测量他的“价值”？是否真的存在可以对他进行评分的有效数学评估方法？

e. 不管我们知道一个个体的多少品质并将其用到他的整体评价中，由于这个人或者其他人不太可能发现他的所有特点并用它们得到一个整体评分，在最终分析中，他的整体将由他的某些部分来评估。不过，用一个个体的某些（甚至许多）部分来评价他的整体是否正当？即使是一个未知（因而未被评估）的部分也可能显著改变最终评分并使其失去有效性。例如，假设一个个体（或其他人）对他给出了91%的总分（即他被认为拥有91%的“善良度”）。如果他在生命中的大部分时间里无意识地憎恨哥哥，并导致了哥哥的夭折，但他在清醒时只记得他爱自己的哥哥，而且这很可能对哥哥的快乐生活起到了帮助作用，那么他（以及无所不知的圣彼得以外的任何人）就会为自己给出相当高的评分；但假如他有意识地承认他对哥哥的憎恨以及这种憎恨给哥哥带来的没有必要的伤害，那么他给出的“真实”评分就会比91%低得多。不过，人们怎样才能知道这个“真实”评分呢？

f. 如果一个个体或者其他人对他给出了很低的总体评分，比如说，他的最终成绩单上的总分是13%，这很可能说明：（1）他生来就是一个缺乏价值的人；（2）他永远也不可能成为有价值的人；（3）由于已经无可救药，他应该受到惩罚（最终将在某种地狱中遭受炙烤）。所有这些都是没有经过经验验证的假设，很难被证明或推翻，而且如上所述，它们所带来的坏处往往会远远超过它们所带来的好处。

g. 对一个人的测量实际上是一种环形思维。如果一个人拥有“好”的品质，因而被评价为“好”人，那么这两种“好”都是基于某种人为定义的价值体系；因为，除了某些神祇，谁能判断到底什么才是真正的“好”品质呢？一旦一个人的品质被定义为“好”品质，人们就会根据这个人的特定“优越性”推导出他的整体“优越性”，而他整体上是一个“好”人的观念又几乎不可避免地使人们对其具体品质的看法发生扭曲——这些品质将会显得比真实情况“更好”。一旦一个人的品质被定义为“坏”品质，这个人整体上是“坏”人的观念就几乎不可避免地使人们对其具体品质的看法发生扭曲——这些品质将会显得比真实情况“更坏”。如果一个整体上被评价为“好人”的“好”品质被偏颇地视作比真实情况“更好”，人们就会带着扭曲的目光不断将他视为“好人”，即使他实际上并不“好”。换句话说，对一个人的整体评价意味着预言他的具体“优秀”品质，而将他的具体品质评价为“优秀”意味着预言他的整体“优越性”。不管这个人事实上的具体“好坏度”和整体“好坏度”究竟如何，这两种预言最终很可能会得到“应验”，因为“好坏度”本身永远无法准确确定，正像我之前说过的那样，整个“好坏度”大厦所依据的概念在很大程度上是人为定义的。

h. 也许，整体评价一个个体的唯一合理方法就是基于他的活力；也就是说，如果他是人类，而且是有生气的，那么我们就认为他本质上是好的（当他去世以后，他就不好或不存在了）。类似地，如果我们接受冗余而又没有必要的宗教假设，我们可以假设一个个体之所以是好的，是因为他是人类，而且因为耶和华、耶稣或者他所相信的其他某位神祇接受所有人类，爱所有人类，或者为他们提供恩典。这是一个毫无依据的假设，因为我们非常清楚，虽然相信这种所谓神祇的个体的确存在，但我们无法证明他所相信的神祇存在（或者不存在）。不过，这种假设仍然是有效的，因为它重新提到了这个更为基本的假设：一个人之所以在整体上是"好"的，仅仅是因为他是人类，而且是有生气的。这种关于人类整体"优越性"的基本观念的问题在于，它显然将所有人类放在了同一条船上——使他们具有同等"优越性"，没有给任何人留下任何变"坏"的空间。因此，这种整体评价并不是真正的评价，它完全是人为定义的，并没有什么实际意义。

i. 为任何人提供全面或整体评价的概念，可能是几乎所有人以不准确的方式对自己和别人进行思考，与自己和别人进行沟通的一种人造概念。科日布斯基（1933）和他的一些主要追随者［比如早川（1965）和布兰（1991）］多年前就指出，个体1和个体2是不同的，正如铅笔1和铅笔2是不同的。因此，对铅笔和个体的一概而论永远无法做到完全准确。特别地，布兰多年来一直反对我们在谈论一个人的行为或对其分类时使用任何形式的动词"是"；也就是说，"琼斯有（或拥有）某种出色的数学才能"与"琼斯是一位出色的数学家”这两种说法是不同的。同后一个句子相比，前一个句子更为精确，而且很可能更为“真实”。此外，后一个句子隐含着对琼斯的整体评价，这种评价很难根据“琼斯拥有某种数学才能”的事实得到保证（如果这个事实本身能够得到证明的话）。如果科日布斯基及其追随者的观点是正确的（这种观点至少在某种程度上很可能是正确的），那么人们很容易对他们进行整体性描述和评价（实际上，不让我们做出这种描述和评价是一件极难的事情），但是我们最好反对这种做法，并将其转换成对于其表现、才能和品质更为具体的评价。这种一概而论（或过度一概而论）的评级是存在的（因为我们显然在不断使用它们），但如果我们最大限度地减少或消除这种评级，最终结果将会得到很大的改善。

j. 人的各种品质是不同的——正如苹果和梨是不同的。一个人不能对苹果和梨进行合理的加减乘除，得到对整筐水果的单一准确的整体评分；类似地，他实际上也不能对人的不同品质进行加减乘除，得到对一个人类个体有意义的单一整体评分。

根据上述对心理治疗与人的价值的观察和推演，我们能得出什么结论？首先，自我参考和自我评价是人类的一个正常而自然的组成部分。看起来，同仅仅评价其行为而不评价其自身存在相比，同时对二者做出评价要容易得多。

当人们对自身进行整体评价时，他们几乎一定会遇到麻烦。当他们为自己贴上“不好”“低劣”或“不足”的标签时，他们往往会产生焦虑、内疚和抑郁的感觉，无法发挥出他们本应具有的效率，并且错误地证明他们对自己的过低评估；当他们为自己贴上“良好”“优秀”

或“胜任”的标签时，他们往往会感觉自己无法永远保持这种“优越性”，而且会花费大量的时间和精力“证明”他们的价值，同时破坏他们同自己和他人的关系。

看起来，对人们来说，在理想情况下，明智的做法是严格思考和对抗来自他们自身并且得到环境支持的一些最强烈的倾向，从而训练自己拒绝对自身进行任何评价。他们最好继续尽可能客观地评价他们的品质、才能和表现，从而回避痛苦，使自己变得更加强大，过上令自己满意的生活。另外，由于本书详细考虑的众多理由，他们最好接受他们所谓的“自我”，而不是对其进行评价，并且努力为自己争取幸福，而不是证明自身存在的合理性。根据弗洛伊德（1963）的观点，当个体遵守“我应当被自我所取代”规则时，他将获得心理上的健康。不过，弗洛伊德的自我指的是人的自我指导倾向，而不是自我评价倾向。根据我的观点（埃利斯，1962，2001a，2001b，2002，2003）以及理性情绪行为疗法的原则，当人们遵守“自我应当被人所取代”规则时，他们将对自己和他人获得最大限度的理解，并且最大限度地减少焦虑和敌意。当然，这里的“自我”指的是人们的自我评价和自我证明倾向。

这是因为，作为个体与其他个体生活在地球上并且相互作用的人类是极其复杂的，很难评价或评分。为了正当衡量他们的“价值”，我们可以接受并遵守下列通过经验确定的事实：（1）他们是存在的；（2）他们可以在存在时感到满足和痛苦；（3）他们通常有能力继续存在，并且感到更多满足，而不是更多痛苦，（4）因此，他们很可能“有理由”（即最好）继续存在和享受。换一种更简洁的说法，人们之所以有价值，是因为他们决定继续生活，继续重视他们的存在。那些不基于这些基本假设做出的观察和得出的结论完全有可能陷入愚蠢而虚幻的利己主义泥潭，并在最终分析中体现出人的特点，这种特点可能非常鲜明，但它本质上仍然是缺乏人情的。

The Myth of
Self-Esteem

第 5 章

“理性情绪行为疗法”可以消除人类的大部分自我

自尊将人类的自我意识发挥到了傲慢的极致。它认为自我意识是存在的，并且对你的个性做出评价。正如我将要提到的那样，你的确拥有自我意识或者说个性，而且你通常的确会对它做出评价。真是不幸！

不是每个人都会这样做。我最初从禅僧和老子及其追随者那里了解到这样一种思想：自我评价具有误导性，所以最好放弃这种做法。你是存在的，拥有自我意识。不过，根据科日布斯基在 20 世纪提出的观点，你的整体是极为复杂的，无法得到评价。在这个问题上，古代亚洲人有时表现得比较极端，他们说，自我实际上是不存在的，即使存在，你也最好消除自我。这样一来，你就可以完全得到开悟，不会沾染以自我为中心的偏见，怀着包容的心态去生活。

我并不十分接受这些观点。一些禅宗佛教徒（别忘了，佛教有许多宗派）似乎认为，你的欲望是自我的一个重要组成部分，为了放弃自我，你需要放弃欲望，进入涅槃或无欲无求的状态。我似乎并不赞同这种观点。我的自我具有明显的偏见，它想要驯服或控制我的欲望，而不是消除欲望。我的确希望消除一部分欲望，但不是消除所有欲望。我希望保留的欲望包括吃、喝、爱、作乐——实际上就是生活的欲望。禅宗的观念既不适合我，也不适合其他人。

不过，我认为这种无法控制的欲望的确是以自我为中心的，而且是行不通的。所以，我和保罗·田立克、存在主义者、科日布斯基和其他人希望找到一种不那么激进的、更加合理的解决方案。最终我发现，问题出在评价和评估上面。我们应该评价我们的重要组成部分——我们的思想、感情和行为，从而了解它们对我们的帮助或阻碍。不过——该死！——我们不需要评价我们的自我、我们的存在、我们的本质。我们的自我或个性过于复杂，无法得到准确的整体评价。出于实用目的，我们可以说，我们的自我是“好”的，也就是说，它可以帮助我们生活和享乐；或者我们可以说，我们的自我根本不需要得到评价。你可以使用自我，但是不要评价它。

我开始告诉我的当事人（以及我自己），如何在不做评价的情况下无条件自我接纳，并且无所畏惧地继续生活下去。我发现，在许多情况下，这是很难做到的，因为（和那些禅僧一样）我的当事人倾向于对自我进行评价，而且多年来一直在这么做，他们常常认为这种做法可以帮助他们，而且（在我看来）并没有看到其中明显的危害。我固执地坚持对我的当事人（和朋友）进行教育，和他们沟通，设身处地地为他们着想，体验他们的感受。我开始取得良好的进展。我（或者说我的观点）取得了成功，我的当事人也是如此。

40多年过去了，我仍然在坚持这种方法，而且（在很大程度上）仍然在取得成功。而且，这种方法仍然在为人们提供帮助。我发表演讲，著书立说，开办讲习班。我接待每一位当事人，组织“理性情绪行为疗法”小组——主要是为了帮助人们不再评价自己，同时仍然对他们的思想、感情和行为进行评价，因为这很可能会让他们以更加成功的方式生活。我也在根据自己开创的“理性情绪行为疗法”缓解我自己的问题，为自己增加快乐。

我写了许多关于无条件自我接纳的文章和章节。在阿尔伯特·埃利斯研究所心理诊所，我们最喜欢推荐的一段文字就来自这篇《“理性情绪行为疗法”可以消除人类的大部分自我》，读读看吧！

我们所说的人类“自我”的大部分内容都是模糊而无法确定的，当我们考虑它并对它进行整体评价时，它就会干扰我们的生存和幸福。“自我”的某些方面似乎很重要，可以得到有益的结果，因为人类的确会存在或生存若干年，而且具有自我意识，或者说对自身存在的意识。从这个意义上说，他们拥有独特性、持续性以及“自我”。另一方面，人们所说的“自我”“整体”或“个性”具有几乎无法定义的模糊属性。人们完全可以拥有“好”或“坏”的特点——这些特点可以帮助或阻碍他们实现生存或快乐的目标，但他们实际上并没有“好”或“坏”的“自我”。

为了增进他们的健康和幸福，“理性情绪行为疗法”建议人们最好抵制对“自我”或“本质”进行评价的倾向，坚持只评价他们的行为、特点、行动、性格和表现。他们可以通过某种途径对自己的思想、感情和行为的有效性进行评估。当他们选择了目标和目的时，他们可以对于自己实现这些目标的效能和效率进行评价。而且，正如阿尔伯特·班杜拉和他的学生所做的一系列实验显示的那样，人们对自身效能的信仰常常可以帮助他们变得更有效率，取得更多成绩。不过，当人们对他们的“自我”给出全局性的整体评价时，他们几乎总是会形成神经质一样的、不利于自己的思想、感情的行为。

大多数心理治疗系统似乎热衷于（几乎是沉迷于）维护、支持和强化人们的“自尊”，这包括各种各样的体系，如心理分析、客体关系、格式塔疗法，甚至包括一些主要的认知行为疗法。很少有哪个个性改变体系像禅宗一样采取相反的立场，试图帮助人们消除或放弃某些自我；不过，这些体系往往并不流行，而且会引发许多争议。

卡尔·罗杰斯试图帮助人们实现"无条件积极关怀"，进而在自身缺乏成就的情况下将自己看作"好人"。不过，他实际上是在诱导人们通过与心理治疗师建立良好的关系，将自己看作"正常人"。遗憾的是，这使他们的自我接纳建立在治疗师不批评他们的基础上。因此，这仍然是一种明显的有条件接纳，而不是理性情绪行为疗法所宣传的无条件自我接纳。

"理性情绪行为疗法"是一种极其罕见的、反对自我评价的现代治疗学派，而且随着其理论和实践的发展，这种疗法在这方面的立场变得越来越坚定。本章总结了该疗法关于自我评价的最新立场，解释了为什么这种疗法可以帮助人们消除自我评价倾向。

人类自我的正当成分

"理性情绪行为疗法"首先试图定义人类自我的各个组成部分，并且支持其中的"正当"成分。这种疗法认为，一个个体的主要目标或目的包括：（1）维持生存和健康；（2）享受人生——体验更多快乐和相对较少的痛苦或不满。我们当然可以对这些目标提出反对意见，而且不是每个人都认为自己是"好人"。不过，假设一个人具有有效的"自我""自我意识"或"个性"，我们可以对自我进行这样的分解：

1. 我存在——我拥有持续的存在性，这种存在性可能会持续80年或者更长时间，而后显然会到达终点，到那时，"我"将不复存在。
2. 至少在某种程度上，我是独立于其他人而存在的，因此我可以将自己本身看作一个个体。

3. 至少在许多细节上，我拥有与其他人不同的特点，因此我的“我性”或我的“存在性”具有某种独特性。在偌大的世界上，似乎没有一个人与我拥有完全相同的特点，或者等同于“我”，或者构成与“我”相同的实体。
4. 如果我选择在一定数量的年份里持续存在下去，并在持续存在的过程中将自身特点的一致性保持在一定的水平之上，那么我将拥有持续存在的能力。从这种意义上说，在很长的时间里，我都将是“我”，即使我的特点发生了重要变化。
5. 我能够意识到我的持续性、我的存在、我的行为和特点，以及我生存和经历的各个方面。所以，我可以说，“我拥有自我意识”。
6. 我可以在一定程度上预测和规划我未来的存在或持续性，根据我的基本价值观和目标改变我的一些特点和行为。正如迈尔斯·弗里德曼所说，我的“理性行为”在很大程度上是由我对未来的预测和规划能力组成的。
7. 由于我拥有“自我意识”以及预测和规划未来的能力，我可以在相当程度上改变我目前和未来的特点（进而改变我的“存在”）。换句话说，我至少可以在一定程度上控制“我自己”。
8. 类似地，我有能力记忆、理解和学习过去和现在的经验，并用这种记忆、理解和学习来预测和改变我未来的行为。
9. 我可以选择发现我所喜欢（享受）和不喜欢（不享受）的事情，而且可以努力安排自己更多地经历喜欢的事情，更少地经历不喜欢的事情。我还可以选择生存或者不生存。
10. 我可以选择监督或观察我的思想、感情和行为，以便帮助自己生存下来，以更加令自己满意、更加享受的方式存在。
11. 我可以自信地说（相信存在较高的概率），我可以维持生存状态，让自己相对快乐，相对远离痛苦。

12. 我可以选择做一个短期享乐主义者，主要寻求当下的快乐，几乎不考虑未来的快乐，或者选择做一个长期享乐主义者，既考虑当下的快乐，又考虑未来的快乐，而且努力实现二者之间的公平。
13. 出于实用目的，我可以选择将自己看作有价值的人，因为这样一来，我就会倾向于按照自己的利益行动，追求快乐而不是痛苦，更好地生存，获得良好的感受。
14. 我可以选择无条件接纳自己——不管我是否表现出色，或者受到他人的认可。这样一来，我就可以完全拒绝对“我自己”“我的整体”和“我的个性”做出评价。相反，我可以评价我的特点、行为、行动和表现——为了更好地生存和享受生活，而不是为了“证明自己”“以自我为中心”，或者告诉人们我比其他人拥有“更好”或“更大”的价值。
15. 我的“自我”和我的“个性”不仅在很大程度上属于我自己，是我独有的，而且也是我的社会性和文化的重要组成部分。我在各种群体里进行的社会学习和经历的考验会影响（甚至创造）“我”和我的很大一部分思考、感觉和行为方式。我远远不是一个单独的个体，我的个性包括社交性。而且，我远非隐士，因为我坚定地选择在家庭、学校、工作、邻里、社区和其他群体中度过自己的大部分人生。在许多方面，“我”也是一个“群体仰慕者”，因此“我的”个体生活方式与“社会”生活规则是结合在一起的。我“自己”是一个个人和社会产物——和过程。我的无条件自我接纳最好从本质上蕴涵着无条件接纳他人。我可以（而且愿意）接纳他人以及我自己，包括我们的优点和缺点，包括我们的重要成就和我们的一事无成，仅仅因为我们是活蹦乱跳的，仅仅因为我们是人！我的生存和快乐值得我为之努力，其他人也是如此。

在我看来，这些就是自我的一些“正当”成分。为什么说它们是“正当”的呢？因为它们似乎具有某种“真实性”，也就是说，它们背后拥有某种“事实”，而且因为它们似乎可以帮助那些相信它们的人实现生存和感受快乐的正常基本价值，而不是陷入痛苦之中。

人类自我中不利于自己的成分

与此同时，人们还会接受一些“不正当”的人类“自我”或自我评价，例如：

1. 我不仅是一个独特的人，而且是一个特殊的人。由于我的优秀特点，我是一个比其他人更好的个体。
2. 我拥有超人类的品质，而不仅仅是人类的品质。我可以做到其他人无法做到的事情，因此我值得人们崇拜。
3. 如果我没有出色、特殊或超人类的特点，我就是低人一等的人。每当我无法做出出色表现时，我就应当受到指责和丑化。
4. 这个宇宙非常重视我，极为重视我。它对我感兴趣，希望看到我做出优异的表现，希望我感到快乐。
5. 我需要得到宇宙的关心。如果宇宙不关心我，我就是一个卑贱的个体，无法照顾自己，而且一定会感到极为痛苦。
6. 因为我存在，所以我一定要在人生中取得成功，我必须获得爱情，获得我认为重要的所有人的认可。
7. 因为我存在，所以我必须存活，持续以快乐的方式存在。
8. 因为我存在，所以我必须永远存在，长生不老。
9. 我等同于我的特点。如果我拥有非常糟糕的特点，我整体上就是一个糟糕的人；如果我拥有非常优秀的特点，我就是一个优秀的人。

10. 我尤其等同于我的性格特点。如果我对他人好，因而拥有“优秀的性格”，我就是一个优秀的人；如果我对他人不好，因而拥有“糟糕的性格”，那么我在本质上就是一个糟糕的人。
11. 为了接纳和尊重自己，我必须证明我拥有真正的价值。为此，我需要拥有竞争力、杰出性和他人的认可。
12. 为了拥有快乐的存在，我必须拥有（而且绝对需要）我真正想要的事情。

换句话说，自我意识中的自我评价成分倾向于影响你、阻碍你、干扰你的满足感。它们与自我意识中的自我个性化成分存在极大的区别，后者关注的是你如何存在以及存在质量如何。你仍然以独特、不同、区别于他人的个体形式存在，因为你拥有不同的特点和表现，而且可以享受由此带来的成果。不过，如果你的“自我意识”中掺入了自我评价成分，你就会产生魔幻般的想法，认为你的存在形式和存在质量会让你变得高人一等或低人一等，让你获得神仙或魔鬼的属性。具有讽刺意味的是，你很可能认为评价你自己或你的“自我”可以帮助你成为一个独特的人并且享受人生。通常，事实并非如此。在大多数情况下，它会让你存活下来，但是你会过得非常悲惨！

自我主义或自我评价的好处

自我主义（或者说自我评价或自尊）就没有任何好处吗？当然是有的——正因为如此，虽然它有许多坏处，但它并没有消失。它有什么好处？它倾向于激励你取得成功，赢得他人的认可。它会让你投入到一场有趣的游戏中，那就是不断将你的行为和你“自己”与他人的行为和他们本身进行对比。它常常可以帮助你在他人心中留下深刻的印象——在许多情况下，这是有实际价值的。它可能会帮助你维持生存，比如说，当你以利己为目的赚更多的钱时，这些钱可以帮助你生存。

自我评价是一种很容易掉入的舒适陷阱——人类似乎具有这种生物倾向。当你对自己做出高贵、伟大或杰出的评价时，你可以获得巨大的快乐。它可能会激励你创作出重要的艺术作品，做出重要的科学发现或发明。它可以让你感到自己优于别人，有时甚至让你感到自己是神圣的。

自我主义显然具有真实的好处，完全放弃自我主义是一种巨大的牺牲。如果说自我主义没有任何优点，不会为社会或个体带来利益，这种说法是不公平的。

自我主义或自我评价的坏处

将你自己评价为好人或坏人具有极大的危害，常常会对你起到阻碍作用，下面是其中的一些重要原因。

1. 为了发挥良好的效果，自我评价要求你拥有非凡的能力和才华，或者几乎不能犯任何错误。这是因为，当你表现出色时，你就会抬高自我，当你表现糟糕时，你就会贬低自我。但是，持续表现出色或者永远表现出色的可能性又有多大？
2. 用常用的术语来说，要想拥有“强大”的自我或“真实”的自尊，你需要超越平均水平或者表现突出。只有当你拥有特殊的才能时，你才可能接纳自己，对自己给出很高的评价。显然，只有很少的个体拥有天才般的非凡能力。你会达到这种非同寻常的水平吗？我很怀疑。
3. 即使你拥有巨大的才华和能力，要想通过自我评价的方式持续接纳或尊重自己，你需要时时刻刻将你的才能展示出来。当你出现任何明显的失误时，你就会倾向于立即贬低自己。而且，当你贬低自己时，你倾向于出现更多失误，这是一个真正的恶性循环。

4. 当你坚持要获得“自尊”时，你的目的基本上是为了让其他人记住你巨大的个人“价值”。不过，让其他人记住你，赢得他们的认可，从而将你自己看作“好人”的需求倾向于在你的生命中占据很大一部分空间。你在追求地位，而不是追求快乐。你在寻求所有人对你的接纳，而这几乎是你无法实现的！
5. 即使当你能够让他人记住你，并能从中获得“价值”时，你也会倾向于意识到，这个结果在某种程度上是通过表现和夸大你的才能实现的，因此你会将自己看作一个骗子。具有讽刺意味的是，起初，你因为没有给他人留下印象而贬低自己；现在，你又因为给他人留下虚假的印象而贬低自己。
6. 当你评价自己并成功得到一个较高的评分时，你会欺骗自己，认为你优于他人。也许你的确拥有一些优越的特点，不过，你衷心地感觉到你的确成了高人一等的人，或者叫作半仙。这种欺骗让你获得了虚假或错误的“自尊”感。
7. 当你坚持要评价自己的好坏时，你倾向于关注自己的缺陷、责任和失败，因为你相信，是它们让你成了一个无可救药的人。在关注这些缺陷时，你会对它们进行强调，而这往往会使它们变得更加严重，影响你对这些缺陷的改正，你会对自己产生总体上的负面印象，而这最终往往会导致可怕的自我贬低。
8. 当你对自己进行评价，而不是仅仅评估你的思想、感情和行为的有效性时，你将产生一种观念，认为你必须证明自己是好的；由于你总是有可能做不到这一点，所以你倾向于在实践中持续表现出隐性或显性的焦虑。而且，你可能持续徘徊在抑郁、绝望和强烈的羞愧感、负罪感、无价值感的边缘。

9. 当你专注于评价自己时，即使你能够成功得到良好的评价结果，你也会为此而沉迷于成功、成就、成绩和杰出表现之中。这种对于成功的关注将阻止你去做自己真正想要做的事情，使你偏离努力获得快乐的目标：一些最为成功的人实际上一直过得非常悲惨。
10. 出于同样的原因，在竭力争取杰出表现、成功和优越性时，你很少停下来问一问自己："对于自己来说，我真正需要的是什么？"所以，你无法找到你在生活中真正想要做的事情。
11. 表面上看，致力于取得优于别人的不俗成就并赢得较高的自我评价可以帮助你获得更好的人生。实际上，它会让你专注于所谓的价值，而不是你的能力和幸福，因此你无法得到你本应得到的许多东西。由于你需要证明自己具有很强的竞争力，因此你往往使自己变得不那么具有竞争力，有时甚至会退出竞争。
12. 自我评价偶尔可以帮助你追求具有创造性的活动，但它经常会得到相反的结果。例如，你可能沉迷于成功和高人一等，因而毫无创造性地、执迷不悟地、无法自我控制地追求这些目标，而不是参与到具有创造性的艺术、音乐、科学、发明或其他追求中。
13. 当你评价自己时，你倾向于变得以自己为中心，而不是以问题为中心。因此，你不是努力解决生活中许多重要的实际问题，而是在很大程度上局限在你自己这个狭小的空间里，试图证明自己，而不是找到自己——证明自己是一个虚伪的命题。
14. 自我评价通常可以帮助你感觉到不正常的自我意识。自我意识指的是你知道自己拥有持续的特点，可以享受人生或者承受痛苦，这种意识具有很大的好处。不过，极端的自我意识（即不断考察自己和评价自己的表现）会将这种优秀的品质带入令人讨厌的极端，可能会严重影响你的幸福。

15. 自我评价有助于形成极大的偏见。它具有某种过度推广性质：“由于我的一个或多个特点看上去不错，所以我整体上是一个不错的人。”实际上，这意味着由于你的一部分行为，你对自己产生了带有偏差的看法。由此，你还倾向于因为他人的糟糕表现，或者你所认为的他人的不良特点，而对他人产生带有偏差的看法。这样一来，你会对一个群体中的少数个体产生偏见，比如非裔美国人、犹太人、天主教徒、意大利人和其他群体。

16. 自我评价会让你戴上必要性和强制性的枷锁。当你相信“如果我拥有一个糟糕的特点或一组糟糕的表现，我就必须贬低自己”时，你通常也相信“我一定要拥有良好的性格或表现”，并且感觉自己必须以某种“良好”的方式表现自己，即使当你几乎无法持续做到这一点时。

自我主义和自我评价为什么不合逻辑

由于上述原因以及其他原因，试图拥有“自我力量”或“自尊”的努力都会导致极为糟糕的结果：它会干扰你的人生和幸福。更糟糕的是，自我评价是不合理的，因为准确或“真实”的自我评价或整体评价几乎是无法实现的。要想对一个个体进行整体评价，你会得到下面这些矛盾而神奇的想法。

1. 作为一个人，你几乎拥有无数特点——几乎所有特点每年都在变化，甚至每天都在变化。所以，你的任何一个总体评价怎么能以有意义的方式适合于你的全部内涵，包括你的那些不断变化的特点？

2. 你的存在是一个持续的过程——你是一个拥有过去、现在和未来的人。因此，对于你的个性的任何评价只适用于“你”的某些固定的时间点，几乎不适用于你的整个过程。
3. 要想给出“你”的整体评分，我们需要对你的所有特点、行为、行动和表现给出评分，然后以某种方式将它们加起来或乘起来。不过，这些特点在不同的文化和不同的时代具有不同的价值。所以，人们只有在给定的文化和给定的时间，才能以极其有限的程度对你进行有效的评分或衡量。
4. 如果我们的确对于你的过去、现在和将来的每个特点得到了有效的评分，那么我们应该用哪种数学形式将它们结合在一起？我们可以将其除以特点的数量，得到“有效”的整体评分吗？我们可以使用简单的算术方法吗？代数方法呢？几何方法呢？对数方法呢？到底使用什么方法？
5. 要想从整体上对“你”给出准确的评分，我们需要知道你的所有特点，或者至少是“重要”的特点，并将它们包括在我们的总体评价中。不过，我们如何知道所有这些特点？你的所有思想、所有情绪、所有“好”的“坏”的行为、你的成就和心理状态，我们如何能够知道？
6. 如果说你没有价值或毫无价值，这种说法包含几个无法证明的（并且无法证伪的）假设：（1）你拥有毫无价值的内在本质；（2）你永远无法拥有任何价值；（3）由于你拥有毫无价值这种不幸的特点，你应当遭到指责，或者受到永恒的惩罚。类似地，如果说你拥有很大的价值，这种说法可能包含几个无法证明的假设：（1）你恰好拥有了高人一等的价值；（2）不管你做什么，你将永远拥有这种价值；（3）由于你受到了上天的恩赐，拥有了这种巨大的价值，你应当被神化，或者接受永恒的回报。任何一种科学方法似乎都无法证明这些假设的正确性或错误性。

7. 当你认为自己整体上具有价值或一无是处时，你几乎会不可避免地陷入循环思考之中。如果你认为自己具有内在价值，你就会倾向于认为自己的特点是好的，形成光环效应。接着，你就会错误地认为，由于你具有这些优秀的特点，所以你具有内在价值。类似地，如果你认为自己是没有价值的，你就会将自己的“优秀”特点看作“糟糕”特点，并且“证明”你的假设，即你是没有价值的。
8. 出于实用目的，你可以相信“我是好的，因为我存在”。不过，这是一种套套逻辑，是一种无法证明的假设，它和另一个同样无法证明（并且无法推翻）的假设——“我是坏的，因为我存在”，具有相同的性质。“因为你仍然是活的，所以你具有内在价值”这种假设同相反的假设相比，可以让你感到更加快乐。不过，从哲学上说，这仍然是一个站不住脚的命题。你完全可以说，“因为上帝爱我，所以我有价值”，或者“因为上帝（或魔鬼）恨我，所以我没有价值”。这些假设会让你产生某些感情，做出某些行为，但从本质上说，它们似乎是无法证明或证伪的。

由于上面列出的原因，我们可以得出下列结论。（1）你似乎的确会存在或存活若干年，而且你似乎拥有意识，或者能够意识到你的存在。从这种意义上说，你拥有人类的独特性和持续性，或你也可以称为“自我”。（2）你通常所说的你“自己”、你的“整体”或你的“个性”，拥有几乎无法定义的模糊属性；你无法对其给出有效的整体评分或成绩单。你也许拥有或好或坏的特点或性格，它们会帮助或阻碍你实现生存和幸福的目标，使你负责任或不负责任地和其他人生活在一起。不过，你或者你的“自我”实际上谈不上好坏。（3）当你对自己进行整体评价，或者具有通常意义上的“自我”时，这种做法可能会在许多方面对你起到帮助作用；不过，整体而言，这种做法往往弊大于利，使你专注于偏离正途的、非常愚蠢的目标。我们所说的大部分情绪“扰动”或神经过敏“症状”，都是由你对自己和其他人的整体评价直接或间接导致的。（4）所以，你最好抵制对你“自己”、你的“本质”或你的“整体”进行评价的倾向，坚持只对你的行为、性格、行动、特点和表现进行评价。

换句话说，你最好减少我们通常所说的你的人类“自我”中的大部分成分，保留那些可以帮助你进行人生实验的那些成分，选择你感觉自己想做或想避免的事情，享受你所发现的对你以及你所加入的社会群体“有益”的事情。

进一步说，对于自我评价问题，有一个优雅的解决方案和一个不太优雅的解决方案。在不太优雅的解决方案中，你对自己做出随意但实用的定义或陈述：“因为我存在，所以我相信自己是好人，或者将自己评价为好人。”这个命题虽然绝对而且可疑，但它往往会让你获得自我接纳或自信的感觉，它有许多优点，同时几乎没有缺点。它几乎总是有效的，只要你坚持这种观点，你就不会产生自我贬低的感觉，或者认为自己一无是处。

你还可以接受下面这个更为优雅的命题：“我在本质上谈不上有价值或没有价值，我的本质仅仅是一种生存状态。我最好仅仅对我的特点和行为进行评价，不去评价我的整体或‘自我’。我完全接纳我自己，也就是说，我知道我具有存在性，而且我选择尽可能快乐地生存和生活，将不必要的痛苦降至最低限度。我只需要这种认识和这种选择，不需要其他形式的自我评价。”

换句话说，你可以决定仅仅对你的行动和表现（你的思想、感情和行为）进行评价或衡量，当它们有助于你的目标和价值时，将它们视为“良好”，当它们妨碍你的个人或社会愿望和偏好时，将它们视为“糟糕”。同时，你可以决定完全不去评价你的“自我”“本质”或“整体”。是的，完全不评价。

理性情绪行为疗法推荐使用第二种更为优雅的解决方案，因为同不太优雅的方案相比，这种方案似乎更加坦诚、更加实用，而且可以碰到更少的哲学难题。不过，如果你一定要坚持进行“自我”评价，我们建议你仅仅由于自己的存在性而将自己评价为“良好”，这种“自我主义”可以帮助你回避许多麻烦。

The Myth of
Self-Esteem

第 6 章

有条件自尊和无条件自我接纳的一些定义

在前面的章节，我已经在很大程度上对有条件自尊（CSE）、无条件自我接纳（USA）以及与自我相关的概念做了定义。不过，我还是要更加准确地再次给出它们的定义以及相关概念。

几乎所有关于你的自我以及你如何看待这种自我的定义都是不可靠的，因为它们存在相互重叠的现象。不过，我们还是要试着弄清楚其中的一些定义。

自我。你的整体个性。如果我们将它想象成你的所有思想、感情和行为，包括对你和他人“有益”或“有帮助”的成分，以及“有害”或“没有帮助”的成分，那么它不需要得到评估或评价，事实上也无法得到评估或评价。由于它拥有如此众多存在差异的成分，所以你无法对它给出一个准确的整体评价。可惜的是，你经常这样做。当心吧！

有条件自尊。根据你对自己当前或过去特点的局部评价，对你的个性进行的整体评价。当你做出得到社会认可的“良好”表现时，你将你自己评价为“良好”；当你做出“糟糕”表现时，你将自己评价为“糟糕”。这种评价永远不会是具有决定性的整体评价，因为你的思想、感情和行为只是暂时表现出“好”和“坏”的特点，它们是不断变化的。不过，当你表现“不错”时，你经常不准确地认为自己“合适”或“不合适”。你真的不能这样做，但你的确在这样做！

你也可以将自己看作“大体良好”或“大体糟糕”。不过，你通常不会这样做，而是有时将自己整体看作“良好”，有时将自己整体看作“糟糕”，这是一种前后矛盾！它只会给你带来困惑。

你必须评价你的整个自我或整体存在吗？不。所以，你应该尽量避免这样做。

你的行为能够代表你吗？不，你是非常复杂的，而且是不断变化的。不过，你经常认为你是“好人”和/或“坏人”。为什么？因为正如科日布斯基（1933）等人所说，你经常将一概而论（“我经常做出糟糕的事情”）扩展成过度一概而论（“我是一个糟糕的人”）。而且，你相信这一点。不过，虽然你是一个人，但你不可能是一个（稳定的）好人或坏人。

不过，当你做出一种明显“糟糕”的行为时，你经常将自己看作一个糟糕的人；当你做出一种“优秀”的行为时，你经常将自己看作一个优秀的人。真奇怪——但你的确是以这种带有偏见的方式看待你的行为和你自己的。当你为你的自尊而自豪时，这里的自尊几乎总是“有条件的、优秀的自尊”。真奇怪——但这就是你通常的习惯。

无条件自我接纳。在所有条件下，你总是将你自己（你的存在或你的个性）评价为有价值的好人，原因如下：（1）因为你是你（不是其他人）；（2）因为你是有生命的；（3）因为你决定这样做；（4）因为你承认你的“糟糕”特点而且讨厌它们，同时仍然接纳带有这些特点的自己；（5）因为你拒绝对你的个性进行任何整体评价，相反，你仅仅将你的思想、感情和行为评价为“良好”，即导致有效的个体和社会结果；（6）因为你相信某个上帝，他总是接纳你和你的所有缺陷，而且有能力将你变成一个好人；（7）因为你通过其他某种形式无条件地持续接纳你的整体，包括你的所有或“好”或“坏”的性格和表现。

无条件自我接纳是主观确定的，是人为定义的，完全取决于你的选择（或者不选择）。你之所以拥有它，仅仅是因为你决定拥有它。你也可以决定出于实用目的而拥有它，因为你认为它很可能会帮助你（以及其他人）。你无法通过经验证明，拥有它一定总是让你变得更有效率、更加快乐；不过，你可以证明，在所有情况下，它很可能会比有条件自尊和无条件自轻（USD）发挥出更好的效果。

无条件自轻或自我贬低。你可以选择相信持续的原罪，相信你将永远为此而遭受诅咒，经受地狱的折磨，不过，我们并不知道你为什么选择这种想法——除非你认为这是一种暂时的状态，而且它最终会让你获得荣耀的天国救赎。即便如此，你仍然可以做出其他选择，你可以选择按照这种不太友善的命运生活，也可以选择不相信这种观念，拒绝按照这种方式生活。如果你真的相信无条件自轻是一种可选的生活方式，我觉得你可能根本不会去选择它。不过，如果你相信，作为一个容易犯错误的人，你注定要选择这种生活方式，但你仍然有获得救赎的机会，你可能会（或者不会）暂时选择相信它。当你拥有其他“更好”的选项时，你很可能不会选择它。

如果你笃信自我贬低（地狱）是无法避免的，而且不会使你得到救赎，你可以：（1）相信它并承受痛苦（接受你无法改变的事情），并让自己变得不那么抑郁；（2）放弃这种自虐的信仰，极大地减轻你的抑郁，甚至让你获得快乐！我建议你对接受或者不接受痛苦进行选择。在最糟糕的情况下，你会痛苦地死去。不过，你仍然可以做出其他选择。

相信或者不相信——这是一个问题！相信永恒的罪恶和惩罚会让

你过上地狱般的生活，除非你幸运地放弃这种信仰。

无条件接纳他人。除了无条件自我接纳，你还可以选择永远无条件接纳他人。虽然所有人都可能犯错误，但你可以不去考虑他们的罪恶，接纳他们和他们的缺陷，将他们评价成“好人”——仅仅因为他们是人；或者认为他们拥有“好的”和“坏的”特点，但并不完全是“好人”或“坏人”；或者认为他们无法在整体上得到评价。既评价他们的行为又评价他们本身的做法会让你陷入麻烦（神化或妖魔化）；它会让你与他人的沟通变得消极，或者使你对他们发怒。真是一个糟糕的选择！根据民主的标准，你应该从无条件自我接纳进化到无条件接纳他人。

无条件接纳人生。正如2400年前的佛教徒所说，人生本身不是受苦，但人生包含受苦。人应该原原本本地看待人生，接受其中好的成分和坏的成分，享受人生的大部分内容。神化人生完全可能导致幻灭；诅咒人生又会放大其中的麻烦。应该接纳人生，享受它的益处。你可以选择只看到其中的幸福，或者只关注不容置疑的痛苦。你可以将间歇性刺痛想象成“可怕的”痛苦。当你无条件接纳人生时，你既可以把事情往坏的方面想，也可以把事情往好的方面想。

自我效能。阿尔伯特·班杜拉及其追随者曾专门研究自我效能，它是自我评价的一个重要方面。我想说的是，我在他们之前提出了这个概念。在1962年的《心理治疗中的理智与情绪》中，我将其称为自我掌控或成就信心。而且，我在它与自信之间做出了明显的区分（班杜拉有时并没有做到这一点）。

拥有自我效能或成就信心意味着你知道当你努力完成某些重要任务时（如学习、工作、交往），你能够取得成功。你对此感到很舒服，但你也会不幸地将你的成功转化为自信或有条件自尊。你可以说“我能够完成任务，这很好”，这是没有问题的，但是你会对这种说法进行过度泛化：“所以，我是一个优秀的人。”根据科日布斯基的观点，这种说法是错误的。你是一个在某一方面取得成功的人，优秀的人则可以在几乎所有方面（至少是大多数方面）都取得成功。

自我效能意味着你承认你的成就是好的。自信或自尊意味着你喜欢你自己、你的存在，因为你掌握了某些能力。正如阿尔弗雷德·阿德勒所说，你认识到了自己出众的能力——这很好，而且将自己看作一个出众的人——这就不太好了。

所以，在“理性情绪行为疗法”中，我们对你的能力和效能表示祝贺，但是不认为你“高人一等”。类似地，当你做出缺乏效能的表现时，我们让你承认这一点，但是不会为此而贬低你。这两种做法是完全不同的！然后，你很可能会改正错误，提高效能，但你仍然不是一个高贵的人！

The Myth of
Self-Esteem

第 7 章

自尊或有条件自我接纳的好处和坏处

正如我在本书中所说，如果你的自尊（SE）或有条件自我接纳（CSA）具有明显的坏处，那么根据我们的预期和预测，它也有许多好处。它存在于人类的整个历史进程中，而且目前仍然被世界上的大多数人所接受。因此，根据演化理论，它具有存在价值；而那些靠着它“成功”生活的人往往也会让后代享受它的好处，这又进一步促进了它的延续。

无条件自我接纳的存在也是同样的道理。虽然经历了风风雨雨，但它仍然（有意识或无意识地）存在于许多人的思想和行动之中。虽然它很难定义和规划，但我们经常渴望得到它——有时是在某种程度上得到它，因为我们认为它是有用的，至少是在某种程度上有用。当我们采纳它时，我们可以看到真正的好处，比如喜欢我们带有缺陷的、不完美的自己，从而减少我们的缺陷。

让我们首先接受第 6 章介绍的自尊、有条件自尊以及无条件自我接纳的定义，然后再来研究它们的许多“真正”的优缺点。

虽然自尊和有条件自尊存在缺点（后面将会介绍），但它们仍然会经常带来下面这些好处：

成就和生产力。自尊的思想是为了喜欢你自己，你最好在物质上（金钱、成功、土地、财产、艺术、音乐、文学和科学）以及精神上（宗教、目的、荣誉、非物质目标和价值）取得重要的成果和成就。你还必须说服其他人相信你在物质上和精神上的成功，从而使他们承认和尊重你。

几个世纪以来，成就和生产目标已经导致了巨大的物质收获，而且它们还将继续导致巨大的物质收获，这不仅适用于资本主义，也适用于集体主义。有时，这两个目标是冲突的，但它们通常并不冲突。苏联不仅注重精神文明（比如民族主义和狂热的无神论），而且在物质上也很有成效（弹药、钢铁、工厂）。

控制和规划的努力。有条件自尊鼓励人们进行控制和规划，以便将他们评价成“良好”或“高效”的个体（威特利科特、卡德威和范德兰，2000），这一点同样既适用于资本主义环境，也适用于集体主义环境。它有时可能会导致垄断，但它仍然可以推动生产。

强调身体和心理健康。有条件自我接纳鼓励人们以令人钦佩的方式成功保持身体健康（运动）和心理健康（目的性），从而得到他人的赞扬。

自我实现。有条件自我接纳及其竞争性督促人们实现自我，从而成为比没有实现自我的人“更好的人”（科斯肯，2000）。

教育驱动力。有条件自我接纳可以让家长和孩子实现出众的教育目标——以“证明”他们是“高人一等”的人。

关系目标。为了获得有条件自尊，许多夫妇和家人努力相处得更好，以便超越其他家庭（科尔杜拉、雅各布森和克里斯坦森，1998）。

为当前和未来而努力。竞争和有条件自尊鼓励人们努力当下，不浪费时间，专注于创造一个能够得到认可的未来（齐姆林，2000）。

欣赏自己的独特性。有条件自尊导致的竞争鼓励人们欣赏自己的独特性，以便比别人“更独特”！

强调自己的个人经历。有条件自尊有时过于强调自我实现和独特的个人经历，忽视了群体和社会的参与以及他们独特的满足感。它也可能鼓励人们通过参与集体蔑视这个世界（西格尔，2000）。

鼓励利他主义。为了做“正确”的事情，赢得认可，人们可能做出有利于他人的“善行”，使他们自己“比众人更神圣”（埃利斯，2004a，2004b）。

过度关注一个人的优点。为了让自己通过有条件自尊成为“好人”，人们可能会过度强调他们“出众”的特点（赚钱、艺术技巧、性能力），使自己过上片面的生活（埃利斯，1962，2003）。

虽然我尽了自己最大的努力，列出了专注于有条件自尊所能得到的好处，但我发现，这里面也包含它的一些坏处。这是极其正常的，因为任何对你和其他人有益的事情都有可能对你和他们造成伤害。为什么？因为对于你或其他任何人来说，似乎没有什么事情能够做到十全十美或一无是处。

现在考虑一些反面例子。有条件自尊——当你做出一些“可以估计的”行为时喜欢你的整体，很容易带来一些可疑的“好处”。举几个例子：

额外的压力、攻击性和吸毒经历。为了在工作、学习、艺术或几乎所有事情上表现出色，你最好（即使当你成功时）让自己获得额外的压力、焦虑、攻击性、吸毒经历等。这样做有好的一面——它使生活变得更加精彩。但是，你和你的身体能够承受多大的压力呢？更不要说你的灵魂和精神了。精神自虐和身体自虐都是常见的后果（克罗克，2002；埃利斯，2003a，2003b）。

悲观和绝望。为了赢得他人的（以及你自己的）认可，你越是坚持努力，你用来做正常事情的时间和精力就越少（德威克，1994）。由于你需要工作，需要成为一个“好人”，因此你常常将自己评价为

"不正常"。压力有时是有好处的，但过多的压力有害而无益。

有条件自尊可能会让你拼命追求社会的认可，以"证明"你是一个"好人"。实际上，这基本上只能证明你在拼命。

有条件自尊也许可以帮助你和你的孩子在学校取得更好的成绩，但是无法帮助他们获得更好的教育（菲茨莫里斯，1997；斯托特，2000）。

当你并不出众时，有条件自尊会让你往坏处想，对自己产生不满（菲茨莫里斯，1997）。

有条件自尊并不是永久性的，需要不断重建（克鲁克，1996；米尔斯，2000）。

通过使你成为"更好的人"，有条件自尊很容易转化成自大（菲茨莫里斯，1997）。

当人们没有按照应有的方式对待你时，有条件自尊将导致恼火、愤怒、战争等后果（菲茨莫里斯，1997）。

有条件自尊鼓励你忽略或原谅自己的"糟糕"行为，如果你承认这些行为，你就会成为一条"蛀虫"（霍克，1991；埃利斯，2003，2004a）。

有条件自尊将使你忽视如何解决自己的一些严重问题（埃利斯，2004a）。

有条件自尊将使你极具竞争性，以超越他人，成为"优秀的人"（埃利斯，2001a，2001b）。

有条件自尊鼓励你以自我为中心，产生自恋情绪（鲍迈斯特，1995）。

有条件自我接纳很容易使你做出精神错乱的表现（鲍迈斯特，1995）。

有条件自我接纳需要不断的支持（鲍迈斯特，1995）。

有条件自我接纳可以帮助你向世界展现出虚假的一面。

有条件自我接纳会使你变得恐慌，并对你的恐慌感到恐慌（海耶斯，1994）。

有条件自我接纳过度强调儿童早期的批评导致你自我贬低这一“事实”（埃利斯，2001a，2001b）。

通过“证明”没有将某件事做好很“可怕”，有条件自我接纳鼓励你做事拖延，降低你对挫折的承受力（雅各布森，1982）。

The Myth of
Self-Esteem

第 8 章

所罗门的箴言与自尊

所罗门的箴言是关于人类行为的、包含天赋智慧和世俗智慧的最古老的作品之一。其中一些箴言与有条件自尊和无条件自我接纳有关（主要是前者）。现在让我们回顾一下箴言书修订版中的相关段落。

箴言

3:5 “你要全心全意相信主，不要仰仗你自己的见解。”整个箴言书的基础就是对上帝和人类智慧的信仰。当然，如果你不相信上帝，你可以选择世俗智慧，而不是神的智慧。

3:29 “对于相信你、住在你附近的邻居，不要做出邪恶的计划。”这部经典很早就引入了社会利益的概念，这可能是一种无条件接纳他人。

3:30 “不要嫉妒使用暴力的人，也不要选择他的任何道路。”这仍然是一种“保持和平”的态度和隐性的“无条件接纳他人”。

3:35 “智者将继承荣耀，愚者将蒙受耻辱。”这是一种有条件自尊，而不是无条件自尊。如果你做出明智的行为，你就可以接纳自己，别人也会接纳你；否则你就会责备自己，并受到别人（甚至是上帝）的正当责备。

6:3 “因为嫉妒使人疯狂，他将不遗余力地报复。”如果你羡慕或嫉妒他人，你就会憎恨他人甚至会杀掉他们。他们不应该拥有比你更多的东西！因此，你有理由进行报复。这显然是对他人的有条件接纳。你所嫉妒的人不仅有错，而且应当为此而受到公正的诅咒。

9:7 “斥责嘲笑者的人，一定会被辱骂，赞赏作恶者的人，一定会受到伤害。”这暗示了“无条件接纳他人”理念：你憎恨嘲笑者的行为，但是并不憎恨他们本人，否则他们就会憎恨你。

10:22 “仇恨招致冲突，爱则可以止息所有攻击行为。”这显然是“无条件接纳他人”理念——你憎恨罪恶，但是不恨罪人。

10:27 “敬畏主的人，生命将被延长，恶人的生命则会缩短。”这不是无条件接纳他人。由于你的罪恶，你应当受到诅咒，上帝一定会将你放在地狱里炙烤。这与箴言 10:22 相矛盾。

11:2 “当自豪到来时，耻辱也会随之到来。”这是条件性很强的自尊。如果你对你的成就感到自豪，那么当你无法取得成就时，你就会憎恨自己。

12:15 “愚者的道路就在他自己的眼里。”这是因为，他为自己的错误而贬低自己，并因此而防御性地否认这些错误。

12:16 “精明的人对侮辱视而不见。”因为：（1）他知道语言通常不会伤害他；（2）他无条件自我接纳，即他不会责备自己，只会责备自己的行为；（3）其他人的侮辱并没有对他造成太大影响，而且他知道回敬别人很可能会让自己陷入麻烦。大体上说，他能够无条件自我接纳——所罗门可能已经意识到了这一点。

14:14 “违背常理的人将为他们的道路付出代价，好人将凭借他们的行为获得回报。”这是一种可能，但不是绝对的。正义常常会获胜，但希特勒和萨达姆在接受惩罚之前当了多年的统治者。

14:29 “脾气暴躁的人喜欢做蠢事。”这是很好的提醒。不过，所罗门也许还发现了另一件事，那就是如果你脾气暴躁，你很容易对作恶者进行全面诅咒，而不是仅仅批评他的行为。而且，你会做出愚蠢的过度以偏概全。

14:134 “正义可以荣耀一个民族，罪恶则会遭到每个人的唾弃。”这是一种过度以偏概全！事实上，许多人对希特勒和萨达姆充满爱戴之情。

16:5 “每一个傲慢的人，都会受到耶和华的厌恶，他一定不会逃脱惩罚。”显然，这是对他人的有条件尊重，是对轻微冒犯的诅咒。上帝是很容易发怒的！

16:22 “愚蠢是愚者的惩罚。”在这里，所罗门暗示了二次心理波动。你对自己的表现感到担忧——“我一定要时时做出良好的表现”，于是你使自己变得焦虑。接着，你对于这种焦虑状况感到担忧。然后，由于你的双重焦虑，你做出了糟糕的表现。于是，你为自己的糟糕表现而自责。担忧导致责备，责备又会导致担忧！这里面有三个一定：（1）“我一定要表现良好！”（2）“我一定不能为自己的表现感到焦虑！”（3）“我一定不能因为我对表现的焦虑而做出糟糕表现！”这是一个死循环。

17:1　“在安宁中享用少量食物胜过在冲突中享用一屋盛筵。”这是“无条件接纳他人”的优秀案例。不过，这条规则只看到了冲突的坏处，没有看到冲突的根源在于你指责人们没能为你提供应有的待遇。

18:2　“愚者仅仅表达自己的意见，不愿理解他人。”这是一种犀利的观察，但它没能指出，一个不断做出愚蠢表现的人并不是完全的愚者。

根据上面引用的箴言和我的评论，我们能得到什么结论？首先，所罗门（或者他的影子写手）准确观察到了人们贬低自我和贬低他人的倾向，而且经常推荐帮助他们脱离困境的实用方法，让他们三缄其口，并在批评别人时掌握技巧。所罗门是一位协调人，他似乎意识到了诚实的批评所带来的致命后果。所以，他常常建议人们不要将他们在其他人身上观察到的错误和缺点告诉这些人或第三方。这是一种良好的社会行为，尤其是因为许多表现糟糕的人出于自卫，不愿意承认他们的糟糕表现，对贬低他们的人抱有敌意甚至怀恨在心。

所以，当你看到他人“邪恶”或“错误”的行为时，你最好沉默不语；或者，就像所罗门偶尔意识到的那样，你也可以采取一种更加彻底的方法，那就是认识到无条件接纳他人这种理念的深刻优势，并且充分接纳他人的糟糕行为（不是他们的不良行为）。你可以不接纳罪恶，但是可以接纳罪人——所罗门的上帝耶和华经常不这么做。我认为他并不仅仅是惩罚那些严重的罪犯，以帮助他们改正（我们有时在行为疗法中就是这样做的），他还恶毒地诅咒他们，不再对他们抱有任何期待。他时常不遵守“接纳罪人，不接纳罪恶”这一基督教理念。

所罗门的上帝（也许还包括所罗门本人），似乎主要遵循有条件自尊的原则；也就是说，如果你做出愚蠢的行为，你就“应当”贬低自己，然后你可能会表现得更加愚蠢。正如我在前面所说，他有时能够意识到无条件自我接纳明显优于有条件自我接纳，但他不断地重新滑向有条件自我接纳。你好像看见了，但你又没看见。

在当时，所罗门的箴言在有条件自尊、无条件自我接纳和无条件接纳他人方面提出了一些不错的观点，但是它们过于模糊，而且缺乏一致性。不过，在公元前 1000 年那个时代能做到这样，已经相当不错了！

The Myth of
Self-Esteem

第9章

老子及其谦逊节制的哲学与无条件接纳

2000多年前，老子写下了《道德经》。他虚构了一个理想的、时刻遵循道德或天性的圣人或统治者，主张如果人们能够向他学习，遵循天道（万物的道理），意识到自己的本性，他们就可以实现拥有谦逊的道德，减少疯狂的奋斗，同情他人。老子的学说在当时是不同寻常的，考虑到中国乃至世界充满纷争的历史，老子的思想更显得难能可贵。多年来，《道德经》对亚洲思想的影响可能比其他任何一本书都要大。如今，它也实实在在地影响了其他国家的无数人民。

贯穿老子哲学的主旨似乎是对和平、包容以及同情他人（包括那些行为令人讨厌或与人争斗的人）的教导。因此，我们可以找到下列支持"无条件接纳他人"的说法：

- "与善仁"（在与他人交往时，知道如何做到温和仁慈）(p.17)。[1]

[1] 《道德经》吴经熊译本（波士顿：沙姆博拉，1961）中的页数。

- “爱以身为天下，若可托天下”（只有能用爱做到这一点的人，才有资格成为世界的管理人）(p.27)。
- “以道佐人主者，不以兵强天下”（知道如何用道指导统治的人，不会用武力践踏世界）(p.61)。
- “清静为天下正”(和平和宁静是世界的规范)(p.93)。
- “夫两不相伤，故德交归焉”（只有统治者和他的人民不去互相伤害，世界上的所有利益才会在国家内得到积累）(p.123)。
- “善胜敌者不与”（征服敌人最好的方法，是通过非对抗方式赢得他的支持）(p.139)。
- “既以为人己愈有”（圣人越是为其他人生活，自己的生活就越充实）(p.165)。

显然，老子主张无条件接纳他人。由于他那诗歌化的语言，他对无条件自我接纳的支持并没有那么明显。不过，他一直都反对人们追求卓越，他讨厌人们吹嘘自己的成功。他说，“驰骋畋猎，令人心发狂”(竞争和追逐使人的心智变得疯狂)(p.25)；“弃智，民利百倍”(放弃聪明，人们将获得百倍的利益)(p.39)；“圣人……不自见”(圣人不表现自己)(p.45)；“善有果而已，不敢以取强”(你的目标是有效保护你自己的利益，而不是使自己变得强大)(p.61)。

老子反对欲望，他所说的欲望指的似乎是需要和贪婪。他说，“圣人欲不欲”（圣人希望自己没有欲望）(p.121)。不过，他想说的似乎是“不要为了成功而过分努力，应当适度努力。”他还列出了自己所珍爱的优点，其中一点是“不敢为天下先”(不敢成为世界上的第一名)(p.117)。另外，圣人“不自贵”(不为自己而得意)(p.147)。

我们可以比较明显地发现，老子认为有条件自尊（或者说因为你的良好行为将你评价成好人）是人类的一个明显弱点，无条件自我接纳则是一种看上去更加合理的策略。不过，他也强调，保持善良和遵循自然“正”道是正确的做法——他有时还暗示，只有这样，你才能接纳自己。这是一种有条件接纳。

在生活中，老子提倡高挫折容忍度（HFT），他说，“圣人去甚，去奢，去泰”（圣人避免所有极端、过度和放纵）（p.59）。而且，“大丈夫……去彼取此”（一个完全成熟的人……更喜欢内心世界，而不是外部事物）（p.77）。他还反对低挫折容忍度（LFT），认为“多易必多难”（认为一切都很容易的人，最后将会发现一切都很艰难）（p.129）。他建议正视自己容易产生心理波动的弱点并采取行动：“圣人不病，以其病病”（圣人讨厌得病，所以不得病：这就是健康的秘密）（p.145）。

老子并没有明确阐释无条件接纳人生（ULA）的理念，但他涉及了这种想法：他督促读者放弃不必要的紧张和压力，使他们获得完美的生活。他不断强调，人生和自然有其平和的内在规律。所以，你最好接纳你能得到的事物，不要为你无法满足的欲望而哭泣。你应该尽自己的本分，然后顺其自然。世界如此精彩，等待你去享受，即使不去疯狂地给自己施压，与他人竞争，你也能过上快乐的生活。凭借这种理念，老子以一种优雅的方式提倡了无条件自我接纳和无条件接纳他人的理念，他尤其倡导无条件接纳他人。2000年前就能产生这样的想法，真的很不简单！

The Myth of
Self-Esteem

第10章

拿撒勒的耶稣与自尊

关于有条件自尊和无条件自我接纳，最混乱、最具矛盾性的哲学也许就是《新约》中耶稣的话语了。而且，你还可以在同样的段落中发现诅咒犯错者并严厉惩罚他们的理念——我们可以称为有条件诅咒他人（CDO）——以及无条件接纳他人这一相反理念。耶稣的态度时而向前，时而向后，我们判断其真正的信仰是困难的。

让我用马修的耶稣福音书来说明吧。我手上的1953年修订标准版《新约》中，这部福音书占了20页的篇幅，其中大部分内容在马克、路加和约翰的福音书中也有提及。

在马修福音的开头，耶稣拒绝了魔鬼的诱惑，“从那时起，耶稣开始传道，说‘悔改吧，因为上帝的国即将到来’。”显然，不遵从上帝戒律的人至少将经历痛苦（马修4:10；5:3-5:10）。

谁是公义之人，信仰上帝，不会经受痛苦，能够进入天国呢？耶稣回答说：“虚心的人”“哀恸的人”“温柔的人，因为他必承受地土”“饥渴慕义的人”“怜悯人的人”“清心的人”“使人和睦的人”“为义受逼迫的人”等。

显然，根据耶稣的说法，上帝要求人们行为检点，当你遵守他的规则时，他将给予你很大的奖励；当你不虚心、不温柔、不正义、不怜悯人、不清心、不使人和睦时，他将给予你明确的惩罚（无法进天堂）。这显然属于有条件接纳他人。上帝和耶稣说，你种下什么种子，就会收获什么果实。这很可能也是一种有条件自尊——当你遵从上帝的“正义”规则时，你就会成为一个“好人”，当你不遵从时，你就会成为一个“坏人”（应当受到惩罚）。这是一种很清晰的标准。

马修的福音书不断重复着这种上帝和你自己对你本身的双重否定。下面是耶稣有条件接纳他人的一些典型例子。

5:12 “任何人如果放松这些戒命中最小的一条，他将在天国中被称为最小的人。”

5:22 “但是我要告诉你，任何对兄弟发怒的人都将接受审判……任何说‘你这个傻瓜’的人都将接受地狱的炙烤。”

5:28 “任何贪婪地观看妇女的人已经在心里犯下了通奸罪行。如果你的右眼导致你犯罪，就把它挖出来扔掉，失去一个器官总比整个身体被扔进地狱要好。”

6:52 “用剑的人将被剑所灭。”

10:34 “不要认为我来是要给世界带来和平，我来是要给世界带来刀剑，而不是和平。”

12:32 “不管是这个时代还是未来的时代，任何出言反对圣灵的人都不会被原谅。”

18:8 “如果你的手或脚导致你犯罪，那就把它砍下来扔掉，因为残疾或跛足的生活总比带着两只手或两只脚被扔进永恒之火里要好。”

12:11　当一个人不穿礼服参加婚礼时："国王对侍从说，'将他捆住手脚，扔到外面的黑暗里。在那里，人们将哀哭切齿'。"

这样的例子还有很多。如果你犯罪或者考虑犯罪（比如考虑通奸），你将受到严厉的惩罚。以眼还眼，以牙还牙。奇怪的是，在那个时代，几乎所有犹太人和外邦人的法律都非常苛刻，但耶稣有时却非常宽容。他不仅完全接纳了抹大拉的妓女玛利亚，确保她忠诚地跟随他，直到他复活，而且在其他许多例子中倡导和表现出了无条件接纳他人的理念。看看这些例子吧：

5:38　"有人打你右边的脸颊，你应该转过来，让他打你左边的脸颊；有人想要控告你，拿走你的外衣，你应该让他把斗篷也拿走。"

7:1　"不要评判人，免得你们被评判。"

7:12　"你想让人怎样对你，你就怎样对人。"

19:18　"你应当爱邻如己。"

一方面，耶稣非常宽容，不会评判别人，另一方面，他又热衷于惩罚和诅咒别人。我们如何解决这个矛盾？我也不知道。我有一种猜测：他的上帝耶和华在《旧约》中要求以眼还眼，以牙还牙，耶稣遵从了这条规则，以吸引信仰耶和华的人；而且 / 或者他生活在崇尚论断和暴力的外邦人中间，感到自己常常需要用恐怖的言论来回敬他们。即便如此，他仍然为我们提供了两个选项：和平或刀剑。今天的自由派基督徒选择了接纳和原谅，许多狂热的保守派则选择了评判和诅咒。我们可以说，耶稣的威胁和预言常常具有审判性，但他却在充满压力的世界中走出了一条和平之路。

耶稣在讨论有条件自尊和无条件自我接纳时也具有矛盾性吗？是

的，至少我认为如此。首先，他明确告诉你，如果你的行为“正确”而“公义”，你就会在尘世和天堂获得奖励；而且，正如我在本章开头几段所说，如果你行为不端，那么上帝、耶稣和其他人就会惩罚和诅咒你——这很可能是因为你可以选择合适的行为，但你实际上选择了不当的行为。所以，你完全应当受到上帝、耶稣和人类的惩罚和侮辱。

这显然属于有条件自尊、无条件自我诅咒（CSD），以及一定程度上的有条件接纳他人。下面是有条件自我接纳的一些例子：

5:48 “所以，你必须完美，就像你的天父一样完美。”

6:24 “你不能同时侍奉上帝和玛门。”

7:6 “不冒犯我的人将接受祝福。”

9:8 “我实话对你说，你在地上束缚什么，在天堂也将被束缚；你在地上释放什么，在天堂也将被释放。”

另一方面，耶稣又向人们宣扬有条件自我诅咒：

7:26 “愚蠢的人在沙地上建造房屋；雨水降下，洪水来临，狂风吹过，房屋倒塌，这倒塌是极好的。”

10:33 “谁在人前拒绝我，我也会在天父面前拒绝他。”

10:38 “不背负十字架跟随我的人，不配做我的门徒。”

13:49 “天使将会出现，他们将从正义中分出邪恶，将其扔进火炉；在那里，人们将哀哭和咬牙切齿。”

15:4 “因为上帝命令说，‘尊敬你的父母”“诽谤父母的人必死’。”

26:24 “背叛人子的人有祸了，他们要是没有出生就好了。”

26:32 “把你的剑放回原位；所有持剑的人都将被剑所灭。”

通读福音书，我们可以发现这样一些存在矛盾的教导：（1）遵行公义，相信耶稣和上帝，你一定会获得良好的回报；（2）不行公义，不信上帝和耶稣，你将在人间和地狱受到诅咒；（3）在人间遵行公义，举止正派，你就可以获得有条件自尊；（4）不行公义，品行不端，你将感到自己的确是一个没有价值的人；（5）其他人将因你的正义和良好行为肯定你，并因你的不义和不端行为否定你——这属于有条件诅咒他人；（6）有时，即使你表现糟糕，别人可能也会接纳你；（7）你无法明确看到这种观点——即使当你表现不佳并且被其他人拒绝时，你也可以随时选择接纳自己。

因此，耶稣主要支持的是有条件自我接纳和有条件接纳他人。有时，他也会无条件接纳他人。在那个几乎所有人都在对自己和品德不端的他人严格执行有条件自尊的时代，这是一种对他人的部分接纳。不过，耶稣并没有充分支持无条件自我接纳和无条件接纳他人的理念。

在帮助人们无条件接纳人生或者培养挫折承受力方面，耶稣并没有什么言论。和约伯不同，上帝并没有严厉地折磨他，考验他的信心，最后给他回报，他的一生过得不错。即使他被残忍地钉在十字架上，他也做出了自己将复活的正确预测。在临死前，他喊道："我的上帝，我的上帝，你为什么离弃我？"这也许可以说明，他最后失去了对主的信心，这一点和约伯不同。不过，这种说法未必成立，因为他在复活以后对门徒说："天上地下所有的权柄都赐给我了。去吧，让所有国家的人民成为你们的门徒，以圣父、圣子和圣灵的名义为他们施洗。"

和约伯一样，耶稣对主的信心最终取得了胜利，一切皆大欢喜。这是一种高挫折容忍度，或者说无条件接纳人生，因为耶稣、约伯和其他人可以忍受最恶劣的困境，他们知道，如果他们虔诚地信靠上帝，上帝就会奇迹般地支持他们，拯救他们远离魔鬼和一切困难。

好极了。事情的关键在于，需要有一个全能的上帝，他需要要求你完全信靠他，然后用神奇的力量帮助你脱离困境。这有点不太可能，尤其是当你是一个不可知论者或者无神论者时。

另一方面，无条件接纳人生或者说高挫折容忍度理念采用了更加现实的假设：（1）正如几个世纪以来的佛教徒所说，你在人生中需要并且很有可能继续遇到许多困境；（2）可能存在一位上帝，如果你极为相信他，他就会帮助你处理这些困境，将其降至最低限度；（3）你信靠上帝这件事本身就可能帮助你应对困境，将其降至最低限度；（4）如果你不信上帝，你仍然可以选择在讨厌困境的同时接纳它们，并尽你最大的努力去应对——这种选择会让你对困境感到悲伤和失望，这是一种健康的感情；（5）你也可以选择相信严重的困境绝对不能存在，而且它们很可怕，令你无法承受。这种观念通常会导致抑郁、重度焦虑和愤怒等不健康的感情；（6）不管是否相信有用的上帝，你都可以获得较高的挫折承受力，无条件接纳人生；（7）具体如何选择取决于你。

耶稣没有直接讨论无条件接纳人生的问题，但所罗门和保罗·田立克等其他宗教领袖做到了这一点——相信上帝，有备无患！

The Myth of
Self-Esteem

第 11 章

斯宾诺莎、尼采与自尊

一些古典哲学家曾对自尊做过颇具影响力的论述，斯宾诺莎和弗里德里希·尼采就是其中的两位。两个人的观点诠释起来都不太容易，因为斯宾诺莎基本上是一个无神论者，为了避免被真正的信徒迫害，不得不用泛神论打掩护；尼采则是一个诗人和暴民煽动者，喜欢用幽默的方式攻击自己的观点，所以我们很难准确判断他的谴责意味着什么。不过，让我们试试看吧！

首先，让我列举《一位斯宾诺莎的读者》的引文，这本书集结了斯宾诺莎的《伦理学》和其他所有重要作品（斯宾诺莎，1994）。

> “这种仅仅为了取悦自己而去做某事（并且忽略去做某事）的刺激叫作抱负”(p.168)。

在这里，斯宾诺莎似乎在说，自我效能是好的，不过，如果你运用自我效能仅仅是为了自己的利益，同时违背了他人的利益，那么你就走到了追求名声的极端，失去了合理性。此时，这种美德就变成了一种极度危险的性格。

“当一个人考虑自身及其行为能力时，他就会感到高兴，更愿意行动，从而更愿意对自身及其行为能力进行思考”(p.182)。

自我效能是好的，可以提高能力——前提是它能得到诚实的评估。

“由于考虑自身而产生的喜悦，被称为自爱或自尊”(p.182)。

当自尊是对自身能力的客观评价时，这是没有问题的；不过，当你过度强调它并因此与他人产生冲突时，这种自尊就不太好了。斯宾诺莎似乎在说，“正常”的自我效能可以导致合理的自尊，但他没能指出，诚实的自我无能感将导致自轻，因而导致焦虑。不管你的自我效能多么诚实，你都在说，“它能让我成为更好的人，所以我需要保持效能”。

“自豪是自爱的影响或财产。因此，只要自豪能够影响一个人，使他对自己做出过高的评价，这种自豪就可以被定义成自爱或自尊。”(p.192)。

在这里，斯宾诺莎也许是想说，如果你爱你自己，那么即使你只有一部分是有效能的，你也可以合理地爱你的全部。接着他指出，如果你觉得你没有效能，“只要他觉得自己无法做好某件事，他就不会下决心去做这件事，因此他就不可能做好这件事”。斯宾诺莎精准地发现，你的预言（比如“我打不好网球”）会自动应验，使你无法打好网球。他其实还可以预见到，当你认为自己必须打好网球而又打不好时，你不仅会贬低你的打球能力，而且会贬低你自己。当你在某方面取得成功时，如果你尊重自己，那么当你失败时，你就会贬低自己。斯宾诺莎几乎看到了这一点——自尊包含自我贬低，但是他看得并不清晰。

“爱和欲望可能过度”(p.223)。

斯宾诺莎似乎想说，“正常”的爱和欲望是好的，但如果你过于喜爱胜利的滋味，你就会觉得：（1）“我必须获胜！”（2）“我必须通过获胜成为一个优秀的人。”因此，过度的、紧急的欲望将使你对你的成功评价过高，对你的表现和自我评价过低。斯宾诺莎似乎将你的成功欲望转变成了对成功的极度（过度）需要。你的需要进而使你认为自己的欲望是必要的，而且可能使你产生自我贬低情绪。如果你只是想要成功和认可，而不是需要它们，那么你永远也不会因为失败而失去价值。不过，你很容易对爱产生需要，当你没能得到它时，你就会憎恨你自己以及你的表现。

“只有在无法隐藏的事情上，羞愧才是有害的”（p.242）。

如果你诚实地对自己的行为感到惭愧，你会感到难过，但是不会感到羞愧或自责。因为你很可能会对自己说，“我做了错事，而且为此感到难过”（“理性情绪行为疗法”称为健康的负面感情），但你不会过分地对自己说，“我做了自己绝对不应该做的错事，所以是我不好”。你愿意承认自己的错误，这只能说明“我的错误本身是糟糕的”，而不是“我绝对不应该犯错，所以我是个糟糕的人”。为了将“糟糕”的标签贴到你的错误上，而不是你自己身上，你坚持不犯错误的愿望，同时放弃十全十美的要求。还是那句话，仅仅希望自己把事情做好但不要求自己一定把事情做好的做法并不会免除你的责任，降低你的“罪恶”，但是可以减轻你的自我厌恶情绪。

“幸福不是美德的回报，而是美德本身，我们享受幸福并不是因为我们能够限制贪婪；相反，由于我们享受幸福，所以我们能够限制贪婪”（p.204）。

在这里，斯宾诺莎将享受和美德定义成有德——一种自在之物。不过，我们在社会上学到了什么是“有德”，如果我们遵循这种社会教导，我们将：（1）喜欢我们的行为（或无所作为）；（2）落入过度一概而论的陷阱，因为我们的有德行为而喜欢我们自己。

根据上述言论，我们可以认为，斯宾诺莎对于自我效能、自尊和自我接纳做出了一些开创性的观察，而且似乎看到了“过度喜爱自己的整体效能并将其上升到对自身的喜爱”的真实缺陷。他并不反对“正常”的自尊和自我贬低，但是你不能将其发挥到“不合理”的极端。不过，我怀疑他并没有看到几乎任何程度的整体自我评价都会导致的危害，尤其是焦虑。

关于无条件接纳他人，斯宾诺莎的观点更为清晰。请看《一位斯宾诺莎的读者》中的下列陈述。

> “极欲对其（另一个人）作恶，是为愤怒；极欲以恶报恶，是为复仇”（p.176）。
>
> “复仇会增加仇恨，爱可以消弭仇恨”（p.177）。

当有人伤害你时，你可以选择愤怒和复仇，你也可以选择优雅地接纳这种伤害，将其转化成爱。你可以控制自己的仇恨。

> “我们是自然的一部分，如果没有其他个体，我们就无法充分感知自然”（p.239）。

很有可能，我们的本性就是和其他人共同存在于这个世界上。所以，我们最好将我们的个人存在和社会存在同时融入我们的生活中。

> “最为匹配的事物就是相同物种的不同个体”（p.240）。

你运用你的理智与其他人（也许还包括其他动物）相处。

> “人们通常可以根据自己的欲望指导一切行为，不过组成一个共同的社会仍然是一件利大于弊的事情”（p.241）。

斯宾诺莎显然看到了无条件接纳他人的实际利益，他比我早了三个世纪！

> “我们没有使外部事物为我所用的绝对力量。不过，我们将平静地接受那些发生在我们身上的、违背我们逐利原则的事情”（p.244）。

在这里，我们看到，斯宾诺莎不仅提出了无条件接纳他人，而且倡导无条件接纳人生。

综上所述，斯宾诺莎运用理智，发现了无条件接纳自我、他人和人生的基本原则，尽管在精确的细节上还有待商榷。在17世纪，这已经是一件非常了不起的事情了！

19世纪下半叶，尼采也从某些角度对无条件接纳自我、他人和人生的理念做出了一些精彩阐释。遗憾的是，他那充满诗意的话语常常使人无法弄清他的真正思想。不过，我们还是要试一试。下面的引文选自《便携的尼采》（1959），由沃尔特·考夫曼翻译。

> “我是否提倡爱你的邻居？我应该很快就要提倡逃离邻居，实现最远的爱”（p.173）。

在那个时代，这种说法可不太友好！

> “众神已死，所以我们需要超人！”（p.191）。

这显然是一种别出心裁的大胆想法。不过，超人的概念将优越性发挥到了极致，是一种极不民主的表述。

> “他是否忘掉了复仇精神以及切齿之痛？”（p.253）。

瞧——这是在反对愤怒，应该属于“无条件接纳他人”。

> "统治的欲望：头脑最为冷静的沉稳之人受人谴责的祸根"（p.300）。

这应该是反对征服带来的极度自尊。

> "我的确有了外遇，打破了我的婚姻枷锁，不过在此之前，我首先受到了婚姻枷锁的伤害"（p.322）。

婚姻对人的限制实在是太大了；外遇是应该的；为什么要找理由呢？这不一定属于"无条件接纳他人"。

> "哦，愿望，停止所有需要，我自己的必要性"（p.326）。

我不太理解这句话。也许尼采想说的是，最好的状态是你想要一件事物，但是不需要它。此时，你拥有强烈的愿望，但你仍然是自由的。拥有强烈的欲望没有问题，但需要则是一种能够导致焦虑的弱点。

> "什么是恶？我已经说过了：它是软弱、嫉妒和复仇的所有产物"（p.646）。

力量和能力是好的，因此成就及其导致的自尊很可能也是好的。有条件自尊似乎再一次取得了胜利。

综上所述，尼采的思想是一种大杂烩。尽管面对巨大的反对，他仍然勇敢地坚持着自己的反叛，他愿意为自己所相信的真理而斗争。不过，他似乎常常因为糟糕的表现而谴责自己和他人，虽然他反对愤怒和报复，但他支持对人的蔑视和贬低。他支持自我效能，同时强烈暗示，自我效能会使你成为一个优秀的人。他从未明确认识到对无条件自我接纳和无条件接纳他人，这些理念被权力斗争所取代。他的翻译者和支持者沃尔特·考夫曼将他描绘成了一个接近于经验主义者但仍然具有浓重的浪漫主义色彩的人。他的现实主义和浪漫精神经常发生冲突，因此虽然他试图做到完全开明，但他并没有实现这一点。至少，他只实现了一半。

有趣的是，和尼采一样，卡尔·罗杰斯也是一个浪漫主义者，信奉正直，认为人类未来可能会实现诚实公正。不过，尼采和罗杰斯并没有完全意识到，强大的人之所以努力从诚实评价自己和他人，转向需要他人的认可和对自己的接纳，是因为他们的领导或治疗师爱他们。他们并没有完全意识到，即使对你很重要的人没有完全接纳你，你也可以接纳你自己。这种极为诚实简洁的技巧并不存在于他们的词典之中！

第 12 章

索伦·克尔凯郭尔与自尊

在自我焦虑方面，索伦·克尔凯郭尔几乎是一个天才。他发现了自己的问题，但在“解决”问题时又不得不完全依靠上帝和基督教。我认为，这是一种非常不优雅的解决方案，尤其是对于像我这样的无神论者来说。不过，在焦虑方面，他通过巧妙的思考得出了一些开创性的存在主义观点。他的生活本身就是一个例证，虽然他几乎没有实现无条件自我接纳，但他在很大程度上信奉并实现了无条件接纳他人。

如果我们研究他的两部半诊疗式著作《恐惧与颤栗》（1843）和《致死的疾病》（1848），我们就会发现下列与我们讨论的无条件自我接纳和无条件接纳他人有关的关于焦虑和绝望的论述。

> “只有在无限的顺服中，我才能清晰地认识到我的永恒合理性；只有那时，我才能考虑凭借信心掌握存在性的问题”（p.59）。[一]

[一] 《恐惧与颤栗》沃尔特·劳里译本（纽约：双日锚图书，1954）中的页数。

在《恐惧与颤栗》中，克尔凯郭尔谈到了亚伯拉罕最为困难的两难选择。是遵从上帝的命令，将他的儿子埃萨克献为活祭，还是拒绝执行上帝的命令，救下自己钟爱的儿子？他的妻子撒拉在50年的时间里只生女儿，是上帝显示神迹，将这个儿子赐给了他。克尔凯郭尔还提到了他巨大的个人问题：已经与他订立婚约的雷吉娜嫁给了另一个人，他需要完全放弃对她的爱。

在这两个例子中，克尔凯郭尔“解决”两难问题的办法是让亚伯拉罕和他自己完全相信上帝，顺从这种信仰，放弃雷吉娜，并且不去责备自己，以免引起上帝的不满。在我看来，这似乎是一种逃避。如果克尔凯郭尔真的做到无条件自我接纳，他就可以对自己说，“上帝是存在的，我完全相信他，不管我做什么，他都会把一切处理好。所以，即使我把上帝彻底得罪了，我也总是可以接纳我这种错误的选择，相信虽然我做错了，但我永远也不会因此而成为一个值得诅咒的人。所以，如果我是亚伯拉罕，我就会选择救下埃萨克，惹怒上帝，同时完全接纳犯下这种错误的自己；对我来说，我要放弃雷吉娜，虽然这可能很愚蠢，但我仍然接纳做出这种‘愚蠢’行为的自己。”

因此，克尔凯郭尔和亚伯拉罕实际上可以做出任何行动，甚至为“错误”的行为而内疚，但是他们不必自责。克尔凯郭尔采用了一种巧妙的策略，他完全相信基督教中永远“正确”而“宽容”的上帝——是的，即使他不近人情地要求亚伯拉罕将埃萨克献为活祭，即使克尔凯郭尔想要愚蠢地放弃雷吉娜，而不是努力使她回心转意。

在这里，优雅的存在主义选项是，做“错误”的事情（这种事情实际上不一定是“错误”的），同时永远不去责备你自己，也就是无条件自我接纳。如果你信仰上帝和基督教，你就会相信，上帝不会做真正的错事，他不会接纳亚伯拉罕或克尔凯郭尔的罪恶，但是他会接纳罪人，而且，即使人类做出了愚蠢而“错误”的选择，上帝也几乎总是可以奇迹般地让事情取得“良好”的结果。

纯粹而优雅的无条件自我接纳理念可以不惜一切代价接纳一个人，因为这种理念（或者说这个人）决定这样做。克尔凯郭尔那种由信仰激发的无条件自我接纳理念可以不惜一切代价接纳一个人对上帝的接纳，即使他可能是错误的和不近人情的。克尔凯郭尔的“解决方案”并不优雅，因为它无缘无故地假设存在一位无所不知的上帝，他可以犯错误，但永远不应当受到谴责。这种方案使用了两个无缘无故的假设，而大多数由人类激发的无条件自我接纳并不需要这些假设。

> “这种道德是普适的，因而适用于每个人，适用于每时每刻”(p.64)。

在这里，克尔凯郭尔的绝对信仰陷入了困境。如果道德是普适的，适用于每个人和每个时刻，那么我们人类就无法在对错之间做出选择。一旦一项道德规则得到确立，我们就需要依靠它来判断我们的对与错。我们可以选择遵从或不遵从这些命令，但是不能对这些命令本身提出反对。所以，我们不是对的，就是错的。正如阿尔弗雷德·科日布斯基所说，这是一种可笑的过度一概而论。在人类生活中，我们会在许多不同的条件下做出数千种行为。因此，我们不可能有绝对的道德——除了天使和上帝的命令。如果亚伯拉罕在上帝的请求下杀死埃萨克，那么在这种条件下，他永远都是正确而道德的。所以，他没有道德问题。不过，在另一种条件下——比如他因为不喜欢埃萨克的相貌而杀了他，他的做法可能会被认为是完全错误的。道德的建立需要依据一些判断对与错的条件。不过，和其他事情一样，条件总是处于变化之中。它们不是普适的，而且显然不可能是普适的。所以，根据（亚伯拉罕信仰和接纳的）上帝的条件，他最好遵从上帝的命令，将埃萨克献为活祭。他究竟怎样才能制造出不同的条件呢？怎样都不行！他只有一个解决方案——将埃萨克献为活祭，仅此而已。

亚伯拉罕深爱着埃萨克，这是一个非常重要的条件，但并不是普适条件。它属于特定（选定）条件。所以，根据这种道德规则，它很理想，但并不普适。因此，由于亚伯拉罕的这种个人选择，埃萨克很可怜，亚伯拉罕也很可怜。不过，只要它是一种个人选择，而不是普适选择，埃萨克就难逃一死。

当然，我们可以确立另一条“普适”规则：“任何父亲在任何条件下都不能杀死自己的儿子。”

现在，亚伯拉罕真正遇到了麻烦，因为两个“普适”规则发生了冲突：（1）“上帝的命令必须永远得到执行。”（2）“亚伯拉罕永远也不能杀死自己的儿子。”这个问题是无解的！

这似乎可以证明，普适道德规则必须永远得到执行，而且这些规则永远也不能与其他普适道德规则发生冲突。现在，我们路在何方？我们无路可走。

显然，拥有道德规则是对的——有时，我们需要严格的道德规则。不过，我们之所以设立这些规则，是因为我们相信它们利大于弊；随着时间的推移和条件的变化，我们最好对其进行修改甚至将其取消。否则，我们就会制造许多问题，而且基本没有解决方案，就像克尔凯郭尔的例子那样。我们设计和遵从无条件自我接纳、无条件接纳他人以及无条件接纳人生的好处在于，它们可以最大限度地减少道德问题——这是一个正常而理想的结果，并且极为轻松地解决这些问题。由于未能真正遵从无条件接纳理念，克尔凯郭尔陷入了几乎无穷无尽的道德问题之中。

> “亚伯拉罕凭借荒谬行事，正是由于荒谬，他这个特殊个体才能高于一般”（p.67）。

实际上，一般是荒谬的，实际上永远不曾存在，而且无法严格遵守。我们可以换一种说法：“在许多条件下，一些一般性的道德规则可以得到建立和遵守，它们常常利大于弊。不过，它们不应该得到严格而普遍的遵守。我们应当试探性地建立规则，谨慎地遵守规则，以判断在何种时间和条件下它们能够取得利大于弊的效果。”

如果翻阅《致死的疾病》，我们可以看到，解决克尔凯郭尔焦虑和绝望问题的另一种宗教“方案”。下面列举了他的一些观点和我的评论。

> “在基督以外的每个人都生活在绝望之中；在基督里，只有真正的基督徒才能避免这种状态，如果一个人不是真正的基督徒，那么他也会生活在某种绝望之中”(p.155)。㊀

绝望似乎无处不在，只有真正的基督王国才能将其消除——也许吧！这似乎是一种循环思维。基督教信仰是我们所有人依靠的力量，没有它，我们将陷入绝望之中。只有珍贵而纯粹的基督教信仰才能拯救我们。不过，人类的本性就是怀疑——并且对他的疑问产生怀疑。不怪我们生活在绝望之中。

> “绝望……是非常普遍的”(p.159)。

不过，克尔凯郭尔忘了一个条件：“前提是你相信如此，认为自己必须得到自己想要的东西，而且认为自己绝对不能产生绝望的感觉。”他忘了指出，你用绝对的必须、理应和应该制造出了绝望；相反，如果你坚持“优先考虑”的理念，你很可能不会生活在绝望之中。

> “罪恶指的是在获得关于什么是罪恶的上帝启示之后，在上帝面前绝望地不想做自己，或者在上帝面前绝望地想要做自己”(p.227)。

㊀ 《致死的疾病》沃尔特·劳里译本（纽约：双日锚图书，1954）中的页数。

你不可能获胜！当上帝告诉你做什么不做什么时，如果你选择（想要）不做自己或做自己，你就会遭殃。上帝要求你做自己——不管你自己到底是什么，而且不接受你对这个要求的同意或反对意见。不过，不管怎么说，如果你完全相信他，你就会获胜。如何完全相信他呢？我也不知道！

> “通过将自己与其自身联系起来，通过想要做自己，自己被建立在组成它的力量之上。而且，这个经常被提及的准则就是信仰的定义”（p.262）。

让我们试着阐释这种观点。（1）上帝是使你拥有（或没有）信仰的至高力量；（2）他希望你完全相信他和他的力量；（3）如果你选择相信他，你的信仰就会给予你做自己的力量——属神的力量；（4）于是，由于某种原因，你的信仰使你在生活中不会产生绝望的感觉，所以你成了你自己（在上帝的允许下），你对他的信仰使你成为你自己，不管对错，无论如何不会感到绝望；（5）一切最终都会变好——很可能是因为你冒了很大的险，投入到了信仰之中——这使你能够成为你自己，并且拥有一个伟大的盟友——上帝。

我认为（但我并不知道其原理），你既能成为可能犯错误的自己，也能具有神性。不过，如果你的信心足够大，相信你能够实现这个奇迹，那么你就能实现这个奇迹。这就像是第二十二条军规：是的，你能做到，但你需要相信奇迹。你所选择的信仰为你带来了这个奇迹。否则，你就会陷入自己、上帝和宇宙之间的深刻矛盾中。

现在，你可以放弃所有奇迹，用“理性情绪行为疗法”来解决你的问题，其步骤如下：（1）在知道你的（甚至是上帝的）目标和价值观存在矛盾的情况下，你选择一组看上去更加有益或者不那么有害的价值观；（2）你知道你的选择可能是错误的——拥有巨大的缺点，但你仍然做出了这种选择；（3）你认为即使存在上帝，他也会接纳你的

（以及他自己的）正确和错误的选择，因为即使是上帝也存在矛盾，可能犯错误；（4）所以，你和上帝接纳了你的局限性，决定对这种局限性采取无条件自我接纳的态度；（5）为什么？因为你的目标是无条件自我接纳，减少对你和你那可能存在的上帝的诅咒。要想实现这个目标，唯一的方法就是停止诅咒任何人；（6）所以，你选择你认为更加有益或者不那么有害的方法，并将其作为生活准则。你选择跟随它受苦，但你永远不为自己愚蠢的错误决定以及由此带来的痛苦而责备自己（或上帝）。因为这种错误的选择，你接纳了你、上帝和这个世界。你讨厌你的错误，但你决不为此责备任何人。

根据上述步骤，你选择了无条件接纳自我、他人和人生。同时，你放弃了确定性和绝对正确性。这样，你可以过上还算快乐的人生，尽管这并不完美。

如果你想保留某种上帝——当然，这不是必需的——你可以将他重新定义成一个可能犯错误的上帝。我认为这是可行的。如果你不想麻烦上帝，你可以将更多信心转移到不完美、不可靠和不确定上，也就是转移到你身上。

在《创世记》的故事中，亚伯拉罕可以选择遵从上帝的命令，杀死自己的儿子埃萨克；或者救下埃萨克，反对上帝。结果，他决定杀死埃萨克。由于上帝实际上想要试探他的信心，而他已经展示出了极大的信心，因此上帝认为亚伯拉罕的意图证明了他的信心，并因为这种“得到证明的”信心放过了亚伯拉罕。

根据亚伯拉罕对上帝的感知以及上帝为他准备的残酷的两难选择，他之所以决定杀死埃萨克，是因为：（1）他知道上帝的力量，如果他不将埃萨克献为活祭，上帝就会惩罚他或杀死他，他相信上帝的命令；（2）他钟爱埃萨克，但他也许更爱自己的生命；（3）他完全接纳不近人情的上帝；（4）如果他决定救下埃萨克，上帝可能会很自然地杀死亚伯拉罕，而且很可能会杀死埃萨克，所以亚伯拉罕非常明智地选择了他认为不那么有害的做法。幸运的是，结果皆大欢喜。

不过，上帝拥有严重的情绪问题：（1）他不仅想要亚伯拉罕的信心，而且绝对地需要这种信心。他缺乏安全感！（2）如果亚伯拉罕没有提供他所需要的信心，上帝完全可能不近人情地杀死他。（3）上帝实际上并不想惩罚亚伯拉罕，只是想试探他的信心。所以，他对他说了谎，这说明他缺乏信心——这是颇具讽刺意义的。（4）至少，上帝为亚伯拉罕提供的两难困境可能使他变得格外焦虑。（5）事实证明，上帝没有无条件接纳亚伯拉罕，他在很大程度上是一位复仇之神。

如果亚伯拉罕提前5000年使用"理性情绪行为疗法"，他就会做出极为明智的行为：（1）憎恨上帝的命令，同时无条件接纳他和他那极度的不近人情；（2）也许会意识到自己已经时日不多，而埃萨克可能还有很长的路要走，因此选择一种不那么有害的做法——拯救埃萨克，而不是拯救自己；（3）认为上帝的命令的确非常不公平，令人讨厌，但是不认为这是一种糟糕而可怕的命令；（4）杀死自己，而不是埃萨克；（5）想出其他可能的"好"办法。

问题的关键是：通过无条件接纳自我、上帝和可怕的状况，亚伯拉罕以及索伦·克尔凯郭尔仍然会面临严重的问题，但他们可以更好地去解决问题，不会使自己感到恐慌。

继续浏览沃尔特·劳里翻译的《致命的疾病》中克尔凯郭尔的一些陈述，我们会发现下面这些可疑的观点：

> "意识是绝望的决定性特点"（p.134）。

不，绝望的决定性特点是意识加上下面这些武断的信念：生活绝不能像它经常表现的那样艰难而矛盾；对于生活中出现的问题，你必须有某种良好的解决方案；只要相信上帝，你就可以很好地解决生活中的两难问题。

“所有的基督教知识都应当得到热切关注，不管其形式多么严格，这种关注是有教益的，它可以强调与人生的关系”（p.142）。

是的，但是克尔凯郭尔并没有充分意识到，过度关注及其蕴含的对于确定性和安全性的要求会导致焦虑和致命的疾病。

“‘要么当皇帝，要么一无所有’……正是因为他没有当皇帝，所以他现在无法忍受自己”（p.152）。

不，他相信自己必须表现出众，由于他必须这样做，而他在现实中显然又没有做到这一点，所以他只能有条件自尊，而这总是不可靠的。

“没有一个人最终不会陷入某种程度的绝望之中”（p.154）。

是的，因为我们所有人必须在某种程度上取得有保证的持续性的成功。否则……

“罪恶的反面是信仰”（p.213）。

能在1849年提出这种观点，真的很了不起！今天，我们有相当多的证据表明，如果你笃信上帝或魔鬼，你就可以获得一种自我效能感，尽管它可能是错误的。你对上帝或魔鬼的信仰可以暂时帮助你。不过，小心泡沫破裂哟！

“最低劣的冒犯形式就是宣布基督教是虚假的谎言。这种说法否定了基督……作为悖论，这种对基督的否定自然蕴涵着对一切基督教元素的否定，包括罪恶和对罪恶的宽恕”（p.262）。

克尔凯郭尔通常能够容忍反对意见，但他在这里变得极为偏执。他一直在谈论罪恶和宽恕，但他并没有真正宽恕那些真诚地不相信基督和基督教的人。虽然他有时能够无条件接纳他人，但在涉及上帝、基督和基督教信仰时，他丧失了这种态度。不对基督做出任何判断——不关心他的存在与否，消极地对关于基督的所有事情持怀疑态度，或者否认基督教的一切——所有这些观念都是罪恶；因为你们应当遵从十诫，其中没有一条具有真正的宽容性。诅咒仍然近在眼前，如果你没有真正的基督教信仰，你最后一定会陷入绝望之中。克尔凯郭尔在无条件接纳他人的道路上已经走得很远了，但他就这样停了下来。

第 13 章

马丁·布伯与自我接纳和接纳他人

在所有关于无条件接纳的理论中，马丁·布伯似乎尤其强调“我–你”关系，因而支持通过“真正”地接纳他人实现“真正”或“精神上的”自我接纳。真的是这样吗？和尼采一样，布伯也是一位诗人，而且具有某种神秘主义色彩，所以我们永远无法弄清他的一些目标、目的和含义。不过，我们还是要进行一番尝试。

让我们看看布伯自己的话吧：

> “原语‘我–你’永远都会指向存在整体。原语‘我–它’永远不会指向存在整体”(p.3)。[㊀]

这看上去像是一种浪漫的完美主义，也就是诗人和理想主义者最擅长的事情。当你用“我–你”的方式思考、感觉和行动时，你相信你可以完全做到这一点。也就是说，你完全承认他人的个性，其次承认你试图掌握这个世界以及你自己。这很可能是一种幻觉，因为你

㊀《我与你》罗纳德·格雷戈尔·史密斯译本（纽约：斯克里布纳斯，1958）中的页数。

作为被承认的人，无法与你的承认和感觉区分开（我后面会说明这一点）。所以，“我 – 你”也是你思考和感觉的一部分内容。“我 – 它”（位于外部世界之中并对其做出反应，以及对你自己的感情做出反应）似乎也是存在的，而且似乎永远存在。你也许只想完全承认“我 – 你”，因为你认识到了过于以自我为中心的片面性危险。不过，你真的能将你的“我 – 你”和“我 – 它”完全分开吗？我的答案是否定的，布伯也会很快给出否定的回答。

> “有经历的人并没有参与到世界中。因为，经验是‘在他内部’产生的，不是在他和世界之间产生的”（p.5）。

我在上一段说过，你作为被承认的人，能够感受到你对世界的思想和感情，无法与之分离。布伯接着说，“和经历一样，世界属于原语‘我 – 它’。原语‘我 – 你’建立的是关系的世界”。正如我的朋友阿尔弗雷德·科日布斯基所说，这不是二选一，而是两个都要。

> “我们提到的每个‘你’都是永恒的‘你’”（p.6）。

当我们清醒时，的确如此。当我们不清醒时（比如处于昏迷之中，或者是在无梦睡眠之中），我们对“你”的意识很难说是永恒的。这种意识可以恢复，但是（很可能）不包括我们的无生命阶段。

> “不要尝试将（我与树的关系）含义与力量相分离。关系是相互的”（p.8）。

怎么可能？树一点也不会在乎我！“我 – 它”与我的意义有关，因为是我给了它意义。不过，它并不会主动和我交流。

> “对我来说，‘你’可遇而不可求”（p.11）。

不是的。虽然我和其他人在一起，但是只有当我决定接纳他们并为之努力时，我才会真正地接纳他们。“你”不是任何人、任何事物给予我的，是我制造了它。

> “只有‘你’成为当下，当下才会出现”(p.12)。

不——即使在荒岛上，我也可以和“我－它”共享当下，包括流水、树木、石头、食物等。

> “爱是一个‘我’对一个‘你’的责任”(p.14)。

物体、事情、意识之类也是如此。

> “一切有爱心的人……都在冒险，因为他们可能需要爱上所有的人”(p.14)。

这是一种假象，你可以接纳所有人甚至是你不喜欢的人。但是想要爱上所有的人，太难了！

> “只要爱是‘盲目’的，也就是说，只要它无法看到存在整体，它就不会真正受到关系原语的支配”(p.16)。

在这里，布伯似乎支持无条件接纳他人。你接纳的是一个完整的人，而不是他的思想、感情和行为。显然，这属于无条件接纳他人。

> “当‘我看到树’这句话被说出来的时候，它就不再表示人（我）与树（你）之间的关系了；相反，它建立了人类意识对树这一客体的感受，在客体与客体之间树立了一道屏障。它道出了分离的原语‘我－它’”(p.23)。

在这里，布伯的说法变得非常微妙。你可以将一棵树看作客体，不与它发生关系，但我并不知道你怎样才能做到这一点。当你看到它时，你在某种程度上创造了它，因此你与它建立了某种关系。你永远无法完全客观地看待它，即使在荒岛上，你也会根据你自己的目标来评价它，比如爬树或者摘果子。将它看作纯粹的客体似乎是极不可能的事情！

> “只有当事物从我们的‘你’变成我们的‘它’时，它们才能被协调。‘你’是没有协调系统的”(p.31)。

为什么？我们对我们所遇到的人分类，与他们交流——一些人爱我们，另一些人不爱我们。这也许比树的分类更为复杂，但我们仍然能够做到这一点。“你”不是单纯的交流，而是纷繁复杂、不断变化的交流。

> “具体的‘你’在交流活动结束后必然会成为‘它’。具体的‘它’在进入交流活动时可能会成为‘你’”(p.33)。

真是令人困惑！‘你’的关联性真的会失去或降低吗？具体的“它”真的可以通过与个体发生关系而自动与个体交流吗？

> “没有‘它’，人无法生活。不过，仅仅和‘它’生活的人算不上合格的人”(p.34)。

这种人不是完整的人，或者不属于人类，但他仍然可以生活——野孩子的例子可以证明这一点。

> “如果一个人能够回应他的‘你’，他就生活在精神之中。如果他与自己的存在整体建立关系，他就能够回应他的“你”。只有当他有能力进入这种关系时，他才能生活在精神之中”(p.34)。

这是一种存在偏见的想法，它将你的精神与你的“你”等同起来。还是那个例子，在荒岛上，你可以与食物、动物和树木建立精神上的关系。在没有其他人类时，你仍然可以对动物和其他事物产生重要而专注的兴趣。这是一种可能，而且不太容易；不过，你仍然可以做到这一点！

> “真正的婚姻总是来自于两个人在‘你’上的坦诚相对”（p.45）。

这仍然是偏见！1951 年，我在我的第一本书《性的民间传说》中说过，所有的爱实际上都是“真”爱，因为它是存在的。当两个人将它们的“你”暴露给对方时，他们可能会建立“更好”的爱情。不过，充满激情的暗恋和对大自然的热爱都可能是真实的。

> “自由得到保证的人……知道他的凡人生活在性质上系于‘我’和‘你’之间”（p.52）。

通常来说，的确如此。一个人在出生和成长时形成了“我性”和“你性”的倾向，而且几乎总是生活在社会群体之中。他可能在某种程度上执迷于“我性”和“你性”，不过，如果他真的这样执迷，那么他很少能够舒舒服服地生活。

> “远离‘世上无自由’的信念才是真正的自由”（p.58）。

说得好！无条件接纳人生意味着你接纳这一事实：你永远无法真正远离逆境。如果你不接受这一点，认为逆境一定不能存在，你就会吃苦头，变得很悲惨。逆境一定会存在——接受它吧。

> 如果你和你的学生建立‘我 – 你’关系，你必须将他包含进来，而且你必须让他意识到这种“我 – 你”关系。在你和他的这种特殊关系中，如果他也将你包含进来，“这种具体的教育关系显然无法实现完全的相互性”（pp.132-133）。

这似乎是在说，具有相互性的完美的“我－你”是无法实现的。进一步说，如果你是治疗师，你不能让当事人将你包含进来。“和教育类似，只有当一个人在生活上依靠另一个人，同时又保持独立时，治疗才有可能发生。”所以，相互的“我－你”是有限的。我想布伯是在说，“我－你”最好能在一定程度上被看作单方向的；对他人的无条件相互接纳很理想，但是实际上无法实现。布伯还说：“在被指定为一个部分对另一个部分的有目的的工作的关系内部，每个‘我－你’关系都只是虚拟地存在于一种相互性之中，这种相互性的完整是被禁止的”（pp.133-134）。你可以提供“我－你”，但是不能指望将它完整地收回来。这似乎是一种符合现实的观察。

布伯一直在使用和依靠上帝——他一方面认为他是一个将被邂逅的位格，另一方面认为他是“绝对的位格，即无法被限制的位格”（p.156）。布伯说，“上帝这一位格给人以生命，他使我们能够以人的身份遇到他，并且遇到其他人”（p.136）。

换句话说，上帝使我们拥有了实现“我－你”关系的能力。不过，布伯并没有指出我们是否需要努力激活这种能力。他有时似乎在说，我们的确需要努力将“我－它”关系与“我－你”关系区分开，有时这两种过程似乎又是混合在一起的。总之，“我－你”和“我－它”来自上帝，这完全是一种假设。正如布伯在最后一段所说（p.137），“上帝与人的相互关系的存在性无法证明，正如上帝的存在性无法证明”。的确如此！如果我们只是做出这种假设，然后利用这种假设解释我们的“我－你”和“我－它”关系，那么我们就丧失了现实主义精神。

我想，如果我们忽略上帝，仅仅依靠经验性的证据，务实地用布伯的“我－你”和“我－它”概念帮助你和整个人类生存下来，将变得更加快乐，那么我们可以做出下面的陈述。

1. 你存在，并且存在于此。你出生和成长在一个由其他人和事物组成的世界中。
2. 你与其他事物和其他人亲密交往——建立“我－它”关系和“我－你”关系。除了少数例外，你会同时建立这两种关系。同“我－它”关系相比，“我－你”关系通常更加强烈，牵涉更多精力。不过，这并不是绝对的。
3. 同你的“我－它”关系相比，你的“我－你”关系通常更具目的性，涵盖范围更广，因而（如果你愿意的话）可以被认为更具“精神性”。不过，还是那句话，这并不是绝对的。关于在两者之中的哪一个上面投入更多精力，你有一定的选择余地——前提是你从两个选项的角度有意识地观察和预测最有可能发生的结果，并且你在思想、感情和行为上努力支持一个或两个选项。
4. 由于你的“我－你”关系通常牵涉更多精力，你可能会选择专注于建立和维持“我－你”关系，而不是“我－它”关系。不过，你最好花一定的时间对“我－它”关系进行实践，因为这种关系是不可避免的，也是不容忽视的。
5. 你最好不要试图实现自我满足或有条件自尊，因为这样会使你变得过于以自我为中心，可能会忽视“我－你”关系或其他接纳关系。
6. 你最好对“我－它”和“我－你”进行一定程度的实验，看看在不忽略其中某一项的情况下，哪一项会让你过上更好的生活。
7. 在做完改善“我－它”和“我－你”逆境的尝试之后，你最好接纳所有这些逆境。当你知道并完全接纳“我的生活自然系于‘我－它’和‘我－你’关系之间”时，你就会获得情绪上的自由。这就是生活！

我不确定马丁·布伯是否支持“理性情绪行为疗法”提出的这些无条件自我接纳理念，但我认为这些理念其实可以在逻辑上根据他的“我－它”和“我－你”学说推导出来。布伯并没有像本书这样，专门向人们介绍有条件自尊的缺点和危害。不过，如果将这部分具体内容添加到他的学说中，我们就可以看清他在许多地方想要表达的隐含意义。

The Myth of Self-Esteem

第 14 章

马丁·海德格尔与自尊

马丁·海德格尔是自我、自我评价、存在选择、此在以及其他许多基本自我理论的主要创始人之一。不过，我很难将他的思想与这本关于自尊的书整合在一起，原因如下。

1. 我不是很理解他的一些主要定义，因为它们属于过度一概而论，适用于关于人类存在的几乎一切领域。
2. 他很少专门研究本书的一些要点，或者对有条件自尊、自我效能和无条件自我接纳进行区分。
3. 他本人过着矛盾的生活——当他在希特勒第三帝国担任教授时，他有时表现出了过度的自我支持和保护；另一些时候，他表现得异常“客观”，愿意不带感情地分析重要的自我问题和社会问题。
4. 虽然他似乎领会了（甚至是发明了）无条件自我接纳概念，但他错过了无条件接纳他人的概念。
5. 他极为强调“此在”和“存在于此”的本体可能性，同时不断反驳存在的实际性和先验性（他更愿意反驳先验性）。

6. 他的思想具有绝对倾向，他用套套逻辑定义存在和实存，用循环思维“证明”某些“事实”遵循他的套套逻辑。
7. 他似乎没有注意到，焦虑和自我评价并不仅仅源自人类在概念世界中的存在，而且源自人类对确定性和绝对安全的坚持——在这个非绝对、不确定、变幻莫测的世界上，这种确定性和绝对安全是不存在的。

根据我对海德格尔及其哲学的偏见，你可以看到，他对我来说常常是一个神秘的存在；下面我要说的关于他的一些事情很可能是错误的，很可能错怪了他。不过，我们还是看看我的偏见会得到什么结论吧。下面是海德格尔在《存在与时间》中所做的一些陈述：

> “从本质上说，人只存在于有目的的行为中，因此不是客观物体”(p.73)。[㊀]

如果我只在有目的地做某事时存在，那么当我陷入昏迷时，我就不存在了吗？不，此时我的存在度有所下降，但我仍然存在。当我有目的时，我以积极的形式存在，但我也可以以消极的形式存在。当我有意图时，我存在的可能性是最高的，但当我存在时，我并不一定要有意图。我可能昏迷好几年。当与目的联系在一起时，“存在”是一个糟糕的词语。“存在”与“目的”这两个概念具有一定的相似性，但并不完全相同。当我昏迷时，我可能不会为他人而存在。不过，我的确是存在的——除非其他人都出现了误判。即使他们对我没有意图，在昏迷状态下，我的身体也是存在的。这难道不是我的一部分吗？如果我昏迷一段时间以后清醒过来，有了意图呢？是我的存在性

㊀《存在与时间》约翰·麦奎利与爱德华·罗宾逊译本（旧金山：旧金山哈珀，1962）中的页数。

变强了吗？

> “存在的问题是所有科学思考的驱动力”（p.77）。

如果我在思考，不管是不是科学思考，我很可能是活着的，因为思考是生命的一个方面。不过，换个角度看，思考仅仅是生命的一部分。在昏迷中，我仍然是活着的。我可以在活着的时候不去思考（陷入昏迷）吗？是的，但是当我思考时，我更有活力。我可以在活着的时候不去感受、失去知觉、陷入沉睡中吗？是的，但是当我感受世界时，我更有活力。思考、感觉和行为似乎具有不同的程度，它们会让我变得更加活泼或更加沉静。实存或存在似乎具有不同程度的活力。

> “‘存在于世界上’是一种单一现象，这个基本数据必须被视为一个整体”（p.79）。

为什么？为什么不能存在于天堂或地狱？或者存在于自身？如果我的鬼魂或灵魂存在，它必须存在于世界上吗？它已经没有实体了，为什么需要世界呢？如果它存在于天堂，天堂就是它的世界，但这真的是世界吗？我的灵魂为什么不能现在存在、一段时间以后不存在呢？如果我的灵魂今天存在，它为什么必须永远存在呢？我们可以将我的灵魂定义成某种永恒存在的事物。不过，这能证明我有灵魂或者它必须（除了根据定义）永远存在吗？如果我的灵魂必须存在于某处，而它又没有存身之处——连炼狱也不行，这能否证明，由于它没有存在于此（此在），它就不能存在呢？！

> “持续留存的事物即存在”（p.128）。

幻象或幻觉可能持续留存。它存在吗？如果拥有这种幻觉的人去世了，它还会留存吗？他能说服其他人相信他们仍然拥有它吗？如果我们不断说服自己相信上帝存在，这能证明上帝存在吗？换作魔鬼呢？

> “存在于世本身会制造焦虑”（p.232）。

不，焦虑似乎来自事情变好的需要（确定性），来自你得到你想要的东西的需要，来自你不会焦虑的需要，等等。欲望说，“如果我没有得到我想要的东西，或者得到了我不想要的东西，那就太糟糕了！这不是我的需要。”当它消失时，“我很担心，但并不焦虑，而且不为我的焦虑而焦虑。”

> “只有当‘此在’在其自身存在之中感到焦虑时，焦虑才会在生理上被引导出来”（p.234）。

不，强烈的焦虑很可能会在生理上影响你，轻微的焦虑则未必如此。即使是实存的焦虑也可能是轻微的焦虑。

> “实存由真实性最终决定”（p.236）。

不过，此在或存在于此也是由本体论决定的。本体论是由真实性决定的吗？

> “存在于世的实质是关心”（p.237）。

关心人？或者关心任何事物？而且，关心有轻有重。还是那个例子，如果你在一段时间里陷入昏迷，你还会关心吗？你还存在于世吗？或者，你仅仅是实存，仅仅是存在？

> “在‘此在’的真实关心式存在中，自我将被分辨出来”（p.369）。

如果你的关心式存在不真实，或者实际上漠不关心，你就没有自我了吗？或者你拥有有限的自我？如果你只关心你的个人自我呢？这样可以吗？

> “不过，焦虑来自此在本身”（p.345）。

仅仅来自存在于此？如果你只是目前存在于此，不需要完全、完美、永恒地存在于此呢？

> “不管此在发生什么事情，它都会在这种事情发生的‘时间里’经历它”（p.429）。

程度问题！你可能非常在意时间，也可能不太在意时间。你主要是在有意识的时候体验时间。但这是永恒的吗？你可能拥有时间和空间。但是，你在时间里吗？有时，你几乎无法感受到时间的流逝。在昏迷中，你可能永远无法做到这一点。

> “此在的存在已被定义成关心”（p.434）。

啊哈！我们终于——也许——发现了一点东西。如果我们忘掉本体论，仅仅承认两点——首先，我们存在于此，或者说拥有此在；其次，这种存在包含关心，我们可能会得到关爱以及“理性情绪行为疗法”几乎不可避免地将其与无条件接纳他人理念联系在一起的实际重要性和存在重要性。因为，“理性情绪行为疗法”认为思想、感觉和行为是相互包含的，尽管它们可能并不完全相同。那么，为什么存在于此（此在）不能包含为他人存在于此，为他人存在于此不能包含存在于此（此在）呢？你可以明显地看出，你不仅存在，而且存在于此，存在于世，存在且关心。它们难道不是一个整体吗？

如果我们认为它们很可能是一个整体，那么海德格尔的存在主义哲学（如果不严格考虑他对这种哲学的实践），可能是最早提倡无条件接纳他人的理论之一。

根据我对海德格尔一部分格言的质疑，你可以看到——如果你愿意看到的话，它们似乎显而易见，具有本体论色彩（这是毫无疑问的）。但是它们果真如此吗？假设拥有此在之所以是我们的（内在）本性，仅仅是因为你（以及其他人类）拥有此在。你如何确定这一点？你如何在所有时间和所有条件下知道和遵守海德格尔的规则？它们可能都是“真理”，你可能强烈倾向于遵守它们。但是，这是你必须要做的事情吗？你能否在不存在（存在于世）的情况下仍然活着？或者活到去世？

更稳妥地说，我们为什么不采取下面的说法？“看起来，在几乎所有条件下，我都在世界上思考、感觉和行动，所以我知道我存在，在世界上拥有此在，我还能看到这种存在性。既然这件事看上去如此，我怎样继续我的生活和存在，在大部分时间里享受快乐呢？”

回到本书的主要问题：自我、自尊与无条件自我接纳。我们可以相对稳妥地（不一定永远稳妥地）说：

1. 我相信我可以在世界上思考、希望和行动，因此这很可能是事实。
2. 和大多数人在大多数时间一样，我尤其拥有一些关于思考、感觉和行为的意图。
3. 世界是存在的，虽然它可以脱离我存在，但我并非存在于虚无之中，我也存在于这个世界上。
4. 为了更好地在世界上生存，我假设世界是存在的，而且我存在于这个世界上。
5. 我将认为我很可能只能存活有限的时间段，到了某一年，我将失去存活性和存在性。
6. 因此，我将尽最大努力延长我的存在，寻找享受生活的个人方式，避免痛苦、争吵、事故和疾病。

7. 为帮助我以这种方式生活，我将努力追求自我效能，对我能做和不能做的事情进行评价和评估，同时无条件自我接纳，包括我的错误以及不正常的感情和行为，以便更好地获得我想要的东西，回避我不想要的东西。仅此而已。
8. 虽然我的生活计划可能存在缺陷，无法实施，但是我可以进行实验，观察效果。只要我还活着，我总是可以对其进行修改和调整。让我试验看看吧。
9. 我想和平地与他人生活在一起，所以，除了无条件自我接纳，我还要努力实现无条件接纳他人以及无条件接纳人生。这个计划可能有效，即使无效，我也可以进行修改。让我试验看看吧！

The Myth of
Self-Esteem

第15章

让－保罗·萨特与自尊

让－保罗·萨特是20世纪最伟大、最聪明的哲学家和存在主义者之一，他对有条件自尊和有条件自我接纳的观点非常值得讨论。他追随他的老师海德格尔，并且避开了其他存在主义领导者在本体论和宗教方面的陷阱，因此比其他思想家更加接近无条件接纳自我和他人的理念。他是一个了不起的人。

让我列出他在《存在与虚无》中的一些主要观点，以说明为什么我经常赞同这些观点。

> “我知道我有疑惑，所以我的确是存在的”(p.xi.)。[㊀]

如果我意识到我有疑惑，那么这很可能说明我是存在的。不过，这并不是绝对的。我可能产生幻觉，认为我有疑惑，但实际上我并没有疑惑。如果我意识到我可能被我的疑惑欺骗，那么我很可能是存在的。在某种程度上，我对于疑惑意识的幻觉以及被欺骗这一事实最有可能证明我的存在性。所以，我还是假设我很可能存在吧。

㊀ 《存在与虚无》黑兹尔 E. 巴恩斯译本（纽约：哲学图书馆，1951）中的页数。

“最终审判和判断标准是理智”(p.xiii)。

良好判断的标准可能是理智。不过，如果我的判断不好，但我认为它是好的呢？如果我像变形虫一样活着，几乎不做判断，随机选择“正确”的道路，同时仍然能够在统计上存活呢？如果我感觉我在用最低限度的理智和判断做“正确”的事情呢？

“知者，知其知也”(p.12)。

是的，你很难在不知道你知道自己有知觉的情况下知道自己有知觉。但这完全不可能吗？患有某种大脑损伤的人可能感觉他有知觉，并能避免致命事故，但他并不完全知道自己有知觉。

“存在即其本身。它既不被动，也不主动”(p.27)。

如果它只是本身，我们可以意识到我们的存在吗？要想有意识，我们最好超越单纯的生存。

“克尔凯郭尔考虑痛苦，而不是理解虚无”(p.65)。

我认为他想说的是“我必须拥有生活或虚无，否则就太可怕了”，因此他才使自己感到痛苦。

“一切认知都是认知的意识”(p.93)。

如果你将认知定义成意识，这种说法就是成立的。你也可以说，一切感觉，包括最轻微的感觉，都是某种程度的意识。这是因为，不管你什么时候产生了感觉，你都会产生某种感觉的意识。否则，你真的有感觉吗？

“我永远不是我的任何一种态度，或者我的任何一种行为”(p.103)。

这句话似乎是萨特在1943年说的；不过，科日布斯基在1933年就明确指出了这一点。我是由我的许多感觉和行为组成的，不是由其中的任何一种感觉或行为组成的。

> “自我欺骗试图构成一个不符合我自己的存在”(p.111)。

我装作一个不是我的人，并在某种程度上知道我在做戏。如果我在个人财产上说谎，这是一种谎言，不是自我欺骗。如果我说我是富人，而且我片面地认为我手里的一点钱足以将我标榜成富人，这就是一种自我欺骗。用科日布斯基的话来说，当我在一些时候有一些钱时，我无法在所有时间成为富人。

> “意识的本质是成为它不属于的事情，不成为它属于的事情”(p.116)。

不一定！我可以有时意识到我喜欢你，有时意识不到。我并不总是有意识或者没有意识。我不能拥有不同程度的意识吗？

> “羞愧是在另一个人面前为自己感到羞愧，这两种限制是不可分割的”(p.303)。

不，萨特似乎认为有两种羞愧：(1)为你的行为感到羞愧，比如欺骗某人这包括你所欺骗的人，以及已经成为骗子的你的整个自己；(2)只为你的行为(欺骗别人)感到羞愧，不为你整个人感到羞愧。

萨特认为这两种羞愧本质上是相同的。如果是这样，他就错过了一个非常重要的思想。你可以对任何思想、感情或行为感到羞愧，并认为它是“不好”和“可耻”的，同时不为拥有这种思想、感情或行为感到羞愧。然后，你可以说，“这是错误和无效的，不过，由于我的行为很糟糕，我要为它负责，所以我不等同于我的行为，我只是一个做出这种行为的人，我可以改变自己的做法，下次做得更好”。这样，你就不会不健康地为你感到羞愧了，你只会对你的行为感到羞愧。

萨特认识到，大多数承认对他人做出的“恶劣”行为，并且因为这种罪恶遭人反对的人认为他们别无选择，只能责备他们自己和他们的行为。不过，他们的确有另一种选择，尤其是当他们遵从“理性情绪行为疗法”原则时，而且可以健康地将其付诸实施。即使他们不容置疑地犯下了罪行，他们也并不等同于自己的罪行。根据“理性情绪行为疗法”，虽然他们行为恶劣，但他们永远不是恶人。萨特几乎看到了这一点，但是并没有彻底看清。因此，他几乎实现了无条件自我接纳，但是并没有彻底实现。

> “这个客体很可能是人。他可能在梦想某个项目……他很可能是愚蠢的”（p.342）。

是的，他可能在做梦，在发呆，在困惑。通常，如果他“看到”一个人，那么他看到的很可能就是一个人。不过，这并不是绝对的。他可能是盲人，或者在做梦。

> “爱是希望被爱，进而希望对方希望我爱他”（p.481）。

不一定！我可以爱某人甚至情不自禁地爱他，将我的爱倾注在他身上，同时不求他爱我。通常，如果我爱一个人，我希望他也爱我。不过，事情并非永远如此。我可以单恋一个人，并从我的爱中获得满足，不需要他反过来爱我。

> “我可以保留我的过去，自由决定其含义”（p.640）。

是的，我可以给出好的、坏的或中立的含义。我可以不断给予它同样的含义，也可以改变其含义。我长期认为我的父亲忽视我，但看到他非常忙，不得不忽视我，然后我认为他已经尽了力，而且真的很爱我。

“对其案例的心理分析解释很可能是一种假设”。(p.733)

是的，心理分析的“解释”都可以成为“真理”，但大多数解释都是猜测，很可能是错误的。我可以确定我的分析师所做的解释是否有效。今天我认为他的解释是“真实”的，明天我就可能认为同样的解释是“虚假”的。

总之，萨特提出了很多不错的观点，尤其是与羞愧有关的观点。不过，他并没有明确看到：

- 你永远不需要为自己感到羞愧，即使你承认你的行为不道德，认为这些行为毫无必要地伤害了其他人。
- 根据你所在社区的标准，你的行为有时是不道德的，但你永远不需要将你自己看作不道德的人。
- 你生活在一个社会群体里，因此你最好公平对待其他人，帮助他们以及你自己存活下来。所以，你最好无条件接纳他人，并且无条件自我接纳，但是这些理念显然不是必须拥有的。
- 如果你没能无条件自我接纳和无条件接纳他人，这很可能会为你和你的社会群体带来“糟糕”的结果，但你仍然可以像大多数人那样，采纳有条件自尊和有条件接纳他人的理念，尽管这可能会得到糟糕的结果。如果这样，你最好擦干眼泪，接受这些惩罚，努力改善你和其他人未来的生活。

第 16 章

保罗·田立克与无条件自我接纳和无条件接纳他人

虽然海德格尔和萨特是存在主义先锋，但关于无条件接纳自我和他人的理念，最透彻的讨论却是保罗·田立克 1952 年在《存在的勇气》中提出来的。当我 1953 年阅读田立克的精彩著作时，我在很大程度上采纳和发展了这些思想，并将其融入我当时正在创立的“理性情绪行为疗法”的哲学基础之中。

遗憾的是，田立克过于聪明，这给他带来了麻烦，也给我带来了麻烦。他介绍了无条件自我接纳和无条件接纳他人的许多不同类型，但他只见树木，不见森林。“存在的勇气”的种类以及取得这些主要接纳形式的方式有时消失在了这种混乱之中。他主要推荐的终极关怀、对上帝的信仰以及存在于此的本体论，是“纯粹”的接纳自我和接纳他人理念所无法接受的，也是我所看不惯的，我会在本章对此进行解释。这些思想实际上并不等同于有条件自尊。不过，它们并不是“真正”的无条件思想。

不过，田立克已经很努力了。例如，勇气“是接纳需要、辛苦、不安全、痛苦甚至毁灭的意愿”(p.78)。

“有勇气充当部分的人，也有勇气将自己确定为他所参与的社区的一部分”(p.91)。

有勇气存在的人，“有反抗绝望的勇气，将绝望加在自己身上，用作自己的勇气抵抗不存在这一根本威胁”(p.140)。

非常好！以上论述大部分都是无条件的。不过，田立克所说的有勇气的人最终还是要依赖于对上帝的绝对信仰。因此，他们并没有做到足够勇敢。

关于为何拥有存在的勇气——我认为这表示在任何情况下存在的勇气，无法完全奏效，田立克给出了几个理由。不过，这些理由从未说服我。因此，他又添加了一些“万无一失”的理由，以实现优雅的证明。这些理由主要包括以下几方面。

1. 本体论原因。你的存在实际上是存在于此，存在于世。为什么？因为这就是存在。你不能完全依靠自己而存在；你需要存在于一个地方——海德格尔和萨特也是这样认为的。这很可能证明，你被给予了存在（和不存在），而且只需要有勇气去接纳它，而根据本体论，你之所以拥有这种勇气，是因为你拥有它。如果你有勇气接纳存在（存在于此），那么根据套套逻辑，你就拥有了它。

这种观点离“不错”还差一点。因为，在套套逻辑上拥有勇气（或者任何事情）只能证明你说过你拥有它。根据定义，你自己相信你拥有它。那又怎样？你很有可能、极有可能拥有它。不过，如何证明你没有说错或被欺骗，即勇气、你的自我、存在于此或者其他任何事情的存在性呢？它们可能存在（或不存在）。你的套套逻辑——“我存在，我存在于此。我有勇气，我有存在的勇气”，都可能是事实，而且很有可能。但是，确定性呢？例外的定义呢？没有——只有很高的可能性。虽然你认为你存在，但你可能犯错误，被欺骗，精神错乱等。

即使笛卡尔也可能犯错误。他说："我在思考。"也许是吧。"我想我存在。"很有可能，但也有反面可能。"因此我的思考证明我在思考。"是吗？"我认为我存在，这证明我的确存在。"还是那句话：是吗？

套套逻辑能够证明的结论非常少。除非你加上一句："我很可能在思考。"这很可能能够说明我这个思想者是存在的；不过，这也可以说明我仅仅认为我存在，而这只能证明我很可能存在。它不能确定我的存在性。所以，我最好假设我存在，按照我存在的方式行动，然后蒙混过关。一切都是无法确定的——包括"一切都是无法确定的"这一思想。太糟糕了！我将尽最大努力与概率和不确定性生活在一起。即使我不喜欢，我也有勇气接纳不确定性。

通过使用本体论观点"证明"他和我们所有人存在于此，田立克选择了放弃存在的勇气。为了获得这种勇气，他最好接纳不确定性，而他的本体论观点是不接纳不确定性的。

2. 田立克引入"终极关怀"，作为证明存在的勇气的"证据"。不过，终极关怀意味着你完全地、百分之百地在所有条件下关心你自己，关心其他人，关心世界。这可能吗？即使你认为你拥有终极关怀，或者其他人认为你拥有终极关怀，你是否真的完美地、永远地、终极地拥有它呢？这个世界上有终极的事情吗？它能永远维持不变吗？也许吧，但我持怀疑态度。
3. 如果你想以终极方式依靠和信仰上帝，你真的能做到这一点吗？永远地、完全地、终极地做到这一点？如果你能够做到，你怎么知道你对上帝的终极关怀能够永远持续下去？你觉得呢？许多曾经的忠实信徒后来成了彻底的无神论者，或者成了三心二意的信徒。

总之，如果“你有勇气”意味着“你终极地、完全地、永远地拥有勇气”，或者类似的含义，那么你只能证明你很可能能够在所有条件下完全拥有它——你不能证明你永远拥有它——尤其是永远地、终极地拥有它。既然你无法确定目前能够终极拥有它，你又怎么能保证未来拥有它？

所有这些似乎可以得出这样一个结论：你无法证明任何永远的终极结论——比如田立克的终极关怀提出的似乎就是这种结论。如果你努力，你也许能够永远做到这一点。也许吧！

即使本体论也是有局限性的。我们可以说“存在于此”今天成立，但它明天一定成立吗？“此”处完全可能有一个存在，或者没有存在。“存在”目前并不能脱离“此”处，但未来是有可能的。也许在宇宙中的某个地方，“存在”现在可以脱离“此”处，或者未来可以，但也很可能不会。不过，它是有可能独立存在的，比如纯粹的灵魂。

每当我们说存在包括存在于此时，我们很可能犯下了过度泛化的错误。我们可以更加准确地说，“就本体论来说，存在目前意味着存在于此”。目前，它很可能意味着永远存在于此。不过，我们有办法证明这个“永远”吗？

而且，假设我们的星球和我们的宇宙曾经没有生命（大爆炸之前和之后），后来诞生了生命体，这不就是先有“此”处后有“存在”吗？

一旦生命（存在）存在，我们可以猜测它创造了一个“此”处。不过，即便如此，它真的需要这样做吗？它不可能创造一个没有“此”处的（不朽的）灵魂吗？这是最不可能的，但是仍然存在可能性。

如果我们小心地在“存在于此”上添加“很可能”这一修饰语，而不是“固有地”和“一定”，我们就会以很小的损失换来（很有可能）很大的收获。这样我们就可以说，“存在于此很可能成立，它很可能对人类（以及其他生物）持续成立。不过，未来某个时候，‘此’或‘存在’可能会单独存在。就目前来说，让我们假设它们总是在一起吧”。如果我们相信这一点，它还会影响我们的生活吗？

让我从这个概率性的（不是本体论的）陈述入手，看看我（和田立克）能否推出无条件接纳自我和他人。我可以说，很有可能，根据大量经验性的观察，我们是可能犯错误的、存在局限性的人类，在大约100年的时间里在这个世界上思考、感觉和行动，希望持续生活，保持合理的健康水平和满意度。不过，我们也可能在不太健康和不太满意的状态下生活。不存在（死亡）是存在的，但是让我们努力避免它吧。正如田立克所说，这蕴涵着“我们愿意接纳需要、辛苦、不安全、痛苦甚至毁灭。接纳意味着当我们想要改变许多可能的烦恼但又无力改变时容忍、承受这些烦恼，带着它们前行。它也意味着即使我们不喜欢这些烦恼，我们也要擦干眼泪，毫无怨言地接纳它们。

我们可以停在这里，好好衡量一下毫无抗拒的接纳。我们在衡量时不需要依靠任何上帝或事先确定的神奇的命运。我们可以无条件接纳我们生命中“好的”和“坏的”命运，这样做具有现实的理由：因为不接纳或拒绝接纳它们很可能会导致糟糕的结果——惊恐地提出抱怨，常常使之变得更糟，无法改变现状，使我们毫无必要地为此而抑郁。眼泪几乎无法帮助人获得成功。

关于无条件接纳自我和他人，我们还需要什么吗？基本不需要了，或者说，完全不需要了。只要保留经验性的和实用性的接纳理由就可以了，不需要田立克那些多余的本体论和上帝假设。我们终于可以甩开这些包袱了！

关于无条件接纳以及无条件接纳的勇气，我稍后还会给出许多类似的论点。简单地说，无条件接纳意味着当你没有得到你想得到的事物，或者得到你不想得到的东西时喜欢你自己、其他人以及这个世界。

具体地说，无条件接纳意味着：

- 努力（但不强求）最大限度地减少沮丧、纷争、痛苦、厌恶和抑郁。
- 努力（但不强求）得到他人的认可、喜爱和接纳，不被他人厌恶或憎恨。
- 努力（但不强求）做到有能力和有成就。
- 努力得到其他人的公正对待，并在没有得到公正对待时不会感到极度伤心。
- 努力（但不强求）做到镇定、不焦虑、不恐慌。
- 努力（但不强求永远）控制你的生活，不欺压别人。
- 努力（但不强求永远）在生活中拥有意义和目的。
- 努力（但不强求永远）接纳个人生命的有限性以及不如意的寿命。

接纳这一事实：你自己和他人的问题完全可能没有神奇的解决方案，这个世界上完全有可能没有神仙能够帮助你和他人解决你们的问题。

下面的章节会介绍关于无条件自我接纳、无条件接纳他人以及无条件接纳人生的更多细节。现在，我想引述雷茵霍尔德·尼布尔在20世纪早期的陈述：请赐予我勇气，使我改变我能改变的，接受我不能改变的；请赐予我智慧，使我能够辨别两者的差异。

当我再次审视这句话时，我认为它至少包含三个要点：（1）有勇气在原有道路行不通时尝试新道路；（2）承认不管你喜不喜欢，一些纷争（目前）并不会自动消失或得到消除；（3）在你推测原有道路将继续带来糟糕结果时，思考尝试新道路是否很有可能变得更好。

这意味着你接受下面的事实：你目前的道路不太可能奏效，纷争仍将存在，你最好尝试一条不同的道路，这条新道路（或者任何新道路）可能仍然行不通。至少有四种接纳形式！——这也许可以解释为什么人们很难做到优雅地接纳并将其保持下去。不过，你还有什么更好的选择呢？

The Myth of
Self-Esteem

第17章

H. 贾那拉达那与自尊

肖恩·布劳给了我一本关于内观冥想的奇书，是H. 贾那拉达那的《观呼吸：平静的第一堂课》。这本书介绍了一些比较独特的思想，下面我们就来探讨一下这些思想。

这种存在于南亚和东南亚的内观冥想是一种“顿悟冥想”，其目的是让冥想者“深入体察现实的本质，准确理解万物的运行机制”。很好。不过，我们最好对“万物”一词保持警惕。“其宗旨是破除我们通常在世界上观察到的谎言和错觉，揭开终极现实的真面目。”这是一个宏大的目标！

奢摩他是一种宁静，内观则是一种顿悟冥想。内观主要关注呼吸。和所有人类一样，你不断受到压力的折磨，尤其是嫉妒、痛苦、不满和紧张。这种压力来自你个人的心境。你就像站在一台永不停歇的跑步机上，不停地追求快乐，逃避痛苦，不停地忘掉你之前的大部分经历。不过，即使你不能完全控制一切，不能得到你想得到的一切，你仍然可以体验快乐、平和以及“人类的主要感受”。你可以放弃自身欲望的强迫性驱动力（OCD），学着不再想要你所想要的东西，重新组织你的欲望，不被它们控制。

为了获得和平和快乐，“你需要抛弃任何类型的幻觉、判断或阻力，看到你的本质和状态”。作为一个与其他个体生活在一起的个体，你需要看到你对于人类同胞的责任和义务，尤其是你对于自己的责任。内观冥想可以将你的贪婪、憎恨和嫉妒从头脑中清除。“当你学会同情你自己时，你就会自动同情他人。”

这些观点非常不错！顿悟冥想表面上关注你的呼吸，实际上是在观察你的思考方式——这种想法既明智又糊涂。它将你的建设性思想与毁灭性思想（尤其是毁灭性的贪婪、憎恨和嫉妒）区分开，让你清晰地看到你所得到的和平而幸福的结果。它让你重新组织以欲望为中心的强迫性，同时让你关注其他人的目标和价值。和“理性情绪行为疗法”一样，它显然包括无条件自我接纳和无条件接纳他人。好极了！

问题在哪儿？看看下面几个重要的假设：（1）看到无条件自我接纳和无条件接纳他人完全不同于强迫性欲望，你会自动意识到，它们是更好的做法，你显然应该采用这些做法；（2）虽然你拥有这种强制督促自己的内在趋势和习得趋势，但是不知为什么，你能够不断地拼命与自己做斗争，放弃这种趋势；（3）你几乎能够毫无例外地赢得这场斗争。

这些假设非常可疑！如今，几乎每个人都知道（深刻认识到）吸烟的巨大危害，但有多少人正在叼着烟卷走向死亡？对于吸烟及其危害的清晰认识加上强烈的成本分析态度，有时可以使人们放弃烟卷。但认识本身又能有多大效果呢？

对于个人贪婪、嫉妒和压力的深刻认识非常有益；在这一点上，“理性情绪行为疗法”与内观冥想高度一致。不过，同样的结论几乎不适用于自动有效性。另外，“理性情绪行为疗法”非常诚恳地认为，如果承认贪婪、嫉妒和压力具有相对有害性，那么对于这些负面情绪的体验常常可以（并非永远）帮助你战胜这些情绪，而内观冥想理念从未明确承认其危害，只是给出了暗示。因此，你最好完全承认："如果你认为贪婪、嫉妒和压力确实具有有害性，而且反对用这些感情伤害自己，那么你的认识也许真的可以帮助你通过斗争放弃这些情绪。"这难道不比内观等式"认识 = 预防行为"更加真诚吗？H. 贾那拉达那认为，"优秀的冥想者能够深刻理解人生，他一定会带着不批判的眼光用深沉的爱与这个世界打交道"。是的——也许吧！

假设你做了透彻的冥想，对人生有了深刻的理解（甚至至少理解了你自己的思想）。你为什么一定要带着不批判的眼光用深沉的爱与这个世界打交道呢？你又怎样做到这一点呢？你可以有多种选择：（1）你可以带着批判的眼光与他人进行深层次交流；（2）虽然你"深刻理解人生"，但你可以选择不与他人交往；（3）你可以与动物、科学、艺术、运动之类客观事物进行深层次交流。在更多情况下，你很可能会"带着不批判的眼光用深沉的爱"与这个世界打交道。但这是绝对的吗？

H. 贾那拉达那（甚至是整个内观哲学）一直对于人群和人际关系抱有一种浪漫态度。当你深刻认识或理解事物的"真实"原理时——这种原理具有多面性，而且 H. 贾那拉达那不断指出，它很难真正被人理解——作为人类，你仍然可以选择以各种"有利"和"不利"方式做出反应。你并不是必须选择"优秀"的做法。所以，内观感悟也许能够起到帮助作用。但它一定有用吗？

内观冥想让你"不带偏见和幻觉地直接认识到事物的真面目。"是吗？几个世纪以前，伊曼努尔·康德指出，"真实的事物"也许存在，但我们没有确定的方法知道"事物本身"。20 世纪的后现代哲学家同样具有怀疑精神。假设 H. 贾那拉达那知道事物永恒的本来面目。不过，他和冥想者是怎样知道的呢？

"冥想有三个要素：道德、专注和智慧。"听起来没问题，不过我想，这三个因素在很大程度上是你带到内观冥想中的。如果你选择其他因素（比如不道德）冥想很可能失去效果。如果我想的没错，当你将不道德带入顿悟冥想时，你一定不会得到无条件接纳他人的结果，也许连无条件自我接纳都做不到。用流行的话语来说，这两种接纳之所以有效，是因为它们符合道德。从本质上说，道德甚至意味着在社会群体中发挥作用的角色。因此，在冥想中，你用你的道德得到了无条件接纳他人和自我的结果。这是你的出发点，而H. 贾那拉达那并没有承认这一点。

你需要"从同等对待个人需求和他人需求的客观视角观察整体局势。"这里有一些陷阱！什么样的视角是完全客观的呢？每个人的视角都属于他自己。

不过，H. 贾那拉达那在此提出了一个非常重要而恰当的观点。他认为，一切视角都以自我为中心存在偏差；它们无法完全消除偏差，但是可以极大地降低偏差，提高客观性。他认为最好应当如此。不过，他混淆了"最好"与"绝对、应当和理应"这两个概念。

如果同其他人的欲望相比，你偏向于（合理地偏向于）你自己的欲望，但你并不强迫自己必须如此并且忽视其他人的合理偏好，这是最好的结果。所以，你努力将你的欲望视作"良好"欲望，而不是独一无二的"良好"欲望和"合理"欲望。否则，你就会变成一位隐士！

"最好"也意味着对你最好，而不是对其他所有人最好。那样虽然客观，但是无法实现。所以，对你来说，你的欲望和他人的欲望的权重并不相等。你"客观"地为二者赋予权值。我在这本书中反复提到，这有许多优点，尤其是有利于和平的生活。所以，你拼尽全力，以对其做出某种衡量——就像内观冥想教导的那样。不过，即使你清晰地看到个人欲望的偏颇之处，你仍然经常偏向于自己的欲望。尽管如此，你并不总是选择满足自己的欲望。于是，你在很大程度上（并非完全）做到了无条件接纳他人。

总体而言，通过看到（感悟到）“理性情绪行为疗法”的想要和需要理论，你就可以解决这方面的许多问题。你想要得到你所缺乏的事物，但你并不需要它。当你挨饿时，你需要食物来阻止你挨饿——但你并不需要靠它来生活！你想要的事情只是你的愿望——永远不是必需品。所以，如果你缺少食物，你会感到不舒适和不方便，但你可以忍着！

如果你真的认识到这一点并接纳它，那么你很容易过上远离痛苦的生活。不，你不一定感到快乐，但你会非常平和。接着，你可以决定无条件自我接纳和无条件接纳人生——至此，你还需要经常花时间去冥想吗？

“同情意味着你自动回避可能伤害自己或他人的任何思想、言语或行为。”是的，如果你能够在相当长的一段时间里有意识地培养同情心，你就可以做到这一点。不过，许多不去冥想的人也能做到这一点。正如我在最近出版的书中所说，这种对自我和他人的无条件接纳是“理性情绪行为疗法”的一个主要目标——不管你是否冥想。有人提出了一些实现无条件接纳自我和他人的哲学体系，比如恩赖特和菲茨吉本（2000）的原谅方法。包括涉及冥想和不涉及冥想的体系在内，哪一种体系能够取得更好的效果，这仍然是一个有待研究的课题。

“接纳世间万物。接纳你的感情，包括你不希望拥有的感情。”我们又回到了真实接纳的概念上。如果实践者真能做到这一点，内观冥想将是一种极为出色的方法。不过，他们真的能够接纳自己的局限性和缺点吗？包括一些强迫性的乐观派？

你也许可以从我的疑问中看出，内观感悟具有一些基本的事实假设，它们无法验证，至少存在疑问。它们看上去不错，但只有持续的实验才能判断出它们是否“真的”不错；如果它们“不错”，只有更多的实验和更多的时间才能判断出它们是否有效。

在上面的讨论中，我不是在反对内观冥想的目标。实际上，我支持这些目标，我只是在质疑这些目标的基本真实性。其实，我是在质疑一切目标的基本真实性。一些目标也许比目前的（“虚幻的”）目标更好——对于某些意图更加有效。不过，它们真的具有一劳永逸的、永恒的真实性吗？你觉得呢？

H. 贾那拉达那似乎想要解决有条件自尊所导致的骄傲、嫉妒和猜忌等缺点。他认为，这种“笨拙的习惯”将导致“人与人之间的疏远、障碍和反感”。没错。不过，H. 贾那拉达那并没有得出“理性情绪行为疗法”所推荐的完整的无条件接纳他人理念，而是告诫冥想者“将自己的注意力集中在普遍适用于所有生命的因素上，集中在能够拉近自己与他人之间距离的事情上”。

不过，只有将注意力集中在普遍适用于生命的所有“良好”因素上，比如爱情、友谊和无条件接纳，这种方法才能奏效。别忘了，一些“不良”因素也具有普遍性，尤其是竞争、嫉妒、仇恨、争名逐利之类的因素。因此，冥想者需要选择交际性的普遍因素，摒除对抗性的普遍因素。当然，我认为，通过排除万难，认真思考，这种状态是可以实现的。不过，重要的是，这显然是一种选择。和以前一样，H. 贾那拉达那带着这些“良好”的目标进入冥想，并将冥想引向实现这些目标的路径。好极了！不过，这仍然是一种个人决定。冥想本身仍然无法实现这些目标。需要承认的是，如果能够得到“合适的”指导，这种冥想的确可以有着明显的效果。

“用心的冥想者每天拿出三四个小时的时间进行实践。”永远如此吗？是不是有点太多了？用冥想占据的大量时间追求其他目标不是更好吗？如何证明长时间沉静冥想的价值？一定程度的冥想也许非常有益。不过还是那个问题，“一定程度”是多久呢？

“不管你的恐惧来自何处，‘静观’都可以将其治愈。”不一定！

对于从高处坠落的恐惧以及对恐怖主义的恐惧可能是真实的——如果可能，你最好保留这些恐惧，并根据这些恐惧采取相应的行动。不过，对于恐惧的恐惧来自“我一定不能害怕”的想法，可以通过“我讨厌对于恐怖主义的恐惧，最好保持警惕，伴随着这种恐惧前行”的想法消除这种恐惧。

“我们所执着的思想是毒药。”执着是毒药，思想不是。执着（或过度执着）具有强制性，它来自“成功和爱情是好的，所以我必须永远取得成功，收获爱情”这一想法。欲望再次愚蠢地导致了需要——内观冥想能够看到并阻止这一点。这也正是其力量之所在。

“积极的执着和消极的执着都会使你陷入泥潭。”是的，如果它们经常具有必要性和强迫性的话。强迫性会改变你的整个人生观。完美主义更是如此。当你进入‘静观’状态时，再好的雪茄也会变成毫无味道的雪茄，再好的游戏也会变成毫无味道的游戏。

关于 H. 贾那拉达那在《观呼吸：平静的第一堂课》中明确介绍的内观冥想，我已经提出了一些主要的支持和反对意见。我还有其他一些观点，但就目前来说，上面的论述已经足够了。H. 贾那拉达那特别支持和介绍了无条件自我接纳和无条件接纳他人的一些重要途径。我希望他能够考虑到我对他的一些观点提出的相对温和的异议。这些观点有时并不属于完全的接纳，因为在我看来，无条件接纳意味着没有任何条件。是的，只有冷静的疑问、怀疑和现实主义，没有任何形式的完美主义。

第 18 章

铃木大拙的禅宗佛教与接纳哲学

所有佛教形式基本都包含释迦牟尼用于达到涅槃的四圣谛。不过，佛教有许多不同的分支，一些分支具有很大的独特性。因此，禅宗和内观派在无条件接纳自我、他人和人生的理念上侧重于不同的观点和途径。我在第 17 章介绍了内观派的一些观点，本章我将介绍禅宗的一些观点。

在西方，铃木大拙被视为禅宗泰斗。所以，我将引述他与埃里克·弗洛姆和理查德·德马蒂诺合写的一本书《禅宗佛教与心理分析》（纽约：格罗夫出版社，1960）。

铃木对于禅宗的介绍包括一些半神秘立场，涉及自我、合一、绝对主体、内在创造力、个人感情的神化，以及对逻辑和智力化的极端反对。不过，他的论述也包括一些关于无条件接纳自我、他人和人生的清晰禅宗立场。让我们看一看这些哲学理念吧。

关于无条件自我接纳，禅僧并不关心如何证明自己对他人有多“好”；相反，他们“从不强加于人，总是恭敬谦逊，不爱出风头”(p.66)。

禅宗“倡导……追求自身开悟，并且帮助他人实现这一点”(p.75)。

禅僧“不管拥有多么无穷无尽的激情，仍然祈祷他能完全摆脱所有激情”(p.76)。

禅宗的主要目标似乎是摆脱以自我为中心的观念以及对成功和爱情的渴望。这与“理性情绪行为疗法”保持一致。不过，一些禅宗派别似乎反对包括渴望在内的一切欲望，以达到无欲无求的状态。例如，著名的禅宗学者临济说过，“贵族不为万事所累，保持无为的状态”。从心理健康的角度看，这是一种与健康生活极为抵触的行为。

关于无条件接纳他人和激情的取得，禅宗讨论得更加具体：

“愿望是……智慧加上爱”(p.58)。

“当他的左脸被打时，他可能不会把右脸转过来，但他默默为其他人的幸福而努力”(p.68)。

“他的整个存在全部用于为其他人做好事”(p.69)。

“众生芸芸，我只祈祷他们全部获救”(p.75)。

“《妙法莲华经》有云：‘只要还有一个独孤的灵魂没有得到拯救，我就会回到这个世界上来拯救他’”(p.70)。

菩萨或禅僧的六德之一：“(1)慈善或施舍，即为了所有生灵（萨瓦萨特瓦）的利益或幸福，提供一个人能够给予的一切”(p.72)。

你可以看到，和内观派一样，禅宗充满了慈悲。它并不是毫无意义的！

高挫折容忍度或无条件接纳人生也是禅宗的一个重要组成部分：

禅僧“在所有不利条件下仍然耐心前行”(p.72)。

“禅定是在任何有利和不利条件下保持平静的心态，即使噩运接踵而至，依然保持镇定，不会感到沮丧。这需要大量训练”(p.72)。

这仍然很容易理解。包括禅宗在内的一些佛教分支专注于教导耐心、坚韧和无条件接纳人生的哲学理念。

综上所述，禅宗在宣扬无条件自我接纳方面表现得相当不错，尤其是鼓励修行者接纳自己，而不是拼命追求物质上的成功和爱情。在无条件接纳他人和无条件接纳人生的宣传上，禅宗表现得更加出色。这种哲学经历了 2500 年的洗礼，如今在世界上仍占有一席之地。

第 19 章

温迪·德莱顿、迈克尔·尼南和保罗·霍克对无条件接纳的论述

1955 年，我提出了“理性情绪行为疗法”。随后，我对无条件自我接纳和无条件接纳他人提出了强烈支持（埃利斯，1957，1958，1962）。在那以后，“理性情绪行为疗法”的其他支持者推动了心理治疗领域对于这个重要目标的接纳。这一运动的领导者包括迈克尔·伯纳德、雷蒙德·迪朱塞佩、拉塞尔·格里格尔、威廉·克瑙斯、苏·瓦伦、珍妮特·沃尔夫和保罗·伍兹等。

温迪·德莱顿（1994，1997，2002；德莱顿和迪朱塞佩，2004；德莱顿和戈登，1991；德莱顿和尼南，2003；尼南和德莱顿，1992）在其作品中对于无条件接纳提出了极其明确的支持。除了对常规当事人使用无条件接纳自我和他人的方法，温迪·德莱顿还成功地在“理性情绪行为疗法”指导和特殊班级中将其用到了心理治疗当事人以外的人群中。

在与迈克尔·尼南合写的《人生辅导》中“自我接纳”一节，德莱顿向读者提出了他的代表性观点：“我们在本书中反复讨论了这个

概念，因为我们认为它对于在人生中发展和维持情绪稳定性是至关重要的。自我接纳哲学的内化可以帮助你避免自我贬低，将注意力集中在你的行为、性格和经历上（例如，‘我把情况弄得一团糟，我想要从中吸取教训，但我并没有因此而变得无用’）。自我接纳可以极大地降低你产生不良情绪的频率和强度，因为你能够避免对自己展开攻击，从而消除产生此种情绪的一个重要根源”（尼南和德莱顿，2002，pp.159-160）。

这显然是无条件自我接纳。书中还说：“不管是否有问题，你并不会成为一个高人一等或低人一等的人。那么，你是什么呢？正如我们在本书中所说，你是一个可能犯错误的不完美的人，一个拒绝根据你的行为或特点评价自己，但会对你希望改变或改善的方面进行评价的人（例如，‘我可以接受感到惊恐的自己，但我真的希望自己不感到惊恐。所以，我会寻求专业人士的帮助，以克服这种缺点’）”（尼南和德莱顿，p.146）。

这仍然是在以一种良好的方式督促当事人和读者拒绝在出现心理失常症状时贬低自己。在同一卷，尼南和德莱顿起初忽略了对无条件接纳他人的强调，但他们最后在“学习宽容”一节说：“宽容意味着你愿意在不接受或不喜欢其他观点和行为时允许它们存在；如果你发现某人的观点或行为令人反感，你可以提出反对意见，不过，你无须为此而谴责别人。宽容可以使你和其他人获得犯错误的权利，从而降低情绪波动的可能性”（尼南和德莱顿，2002，p.167）。

这和“理性情绪行为疗法”中无条件接纳他人的理念相当接近。不过，我还可以举出更加明显的例子。德莱顿一直在教导他的当事人和读者，对他们自身进行整体评价是错误而且有害的。下面是他与当事人的一段典型对话。

德莱顿：你说部分永远无法定义整体。这正是完全不评价自己的一个很好的理由，因为你自己过于复杂，无法用单一评价来概括。

当事人：所以，我可以评价自己的一部分，而不是整体？

德莱顿：是的。换句话说，你可以接纳自己，将自己看作一个拥有优缺点、可能犯错误、无法评价的人。（德莱顿和迪朱塞佩，1990）。

德莱顿（1999）专门面向公众写了一本书《如何接纳自己》，其中“无条件自我接纳的重要性”一章对有条件自尊及其危险做了充分的解释。在这一章里，他写道：“我们已经看到，自我是极为复杂、不断变化的，在这种情况下，你能完全公平地对自己做出评价或评估吗？因此，如果你的自尊很低，而你又想得到很高的自尊，那么你就必须不断地对你极其复杂、不断变化的自我进行整体评价……答案就是无条件自我接纳”（pp.17-18）。在同一章，德莱顿指出，自我贬低来自人们做出良好表现的要求，而无条件自我接纳“与灵活、偏好理念亲密相连。”他还支持无条件接纳他人，鼓励读者质疑“其他人必须公平对待他们”这一以自我为中心的要求（p.20）。

在为“理性情绪行为疗法”实践者撰写的手册《理性情绪行为疗法基础》中，德莱顿（2002）对于接纳自我和他人给出了符合逻辑的经验性实用论述（p.132）。

在为“理性情绪行为疗法”治疗师撰写的手册中，德莱顿和尼南（2003）非常一致地倡导无条件自我接纳：“帮助你的当事人接纳带有心理波动倾向的自我”（p.66）。“注意，你要向当事人解释清楚，‘理性情绪行为疗法’的情绪责任原则并不是责备他们在很大程度上制造了自己的情绪问题。他们负有责任，但这并不意味着他们应当受到谴责”（p.81）。“尽量将你的自我保持在理性情绪行为疗法治疗工作以外。

评价你的行为，而不是做出这种行为的自己”（p.231）。

在《REBT 治疗师的袖珍指南》（2003）中，德莱顿和尼南还强烈支持了“理性情绪行为疗法”在无条件接纳人生方面的理论和实践：“帮助你的当事人认识到，逆境不是世界的终结——它们只是世界的一部分”（p.131）。

综上所述，温迪·德莱顿和迈克尔·尼南是无条件接纳自我和他人理念的坚定支持者；在其他许多作品中，他们向当事人和读者展示了如何放弃低挫折容忍度以及如何实现无条件接纳人生（德莱顿，1994，2002；尼南和德莱顿，2002，2003）。他们一直在遵循“理性情绪行为疗法”的路线！

保罗·霍克从20世纪60年代开始实践“理性情绪行为疗法”，写了许多关于这种疗法的自助式大众图书，而且一直在倡导无条件接纳自我、他人和人生。在他的早期作品《战胜抑郁》（1973）中，霍克指出，“只要你责备自己，你就会产生抑郁”（p.23）。而且，“感到内疚意味着什么？意味着你用自己的行为为自己贴上了标签”（p.27）。

在为“理性情绪行为疗法”撰写的众多书籍中，霍克指出了为何有条件自尊是有害的，为何无条件自我接纳极为有益。在这方面，他有一本著作《战胜评价游戏：超越自爱—超越自尊》（1991）。我们在阿尔伯特·埃利斯研究所心理诊所向许多人推荐了这本书。

在这本书的第3章开头，霍克明确表示：“如果你希望避免那种缺乏自我认可、自我尊重和自我价值的自卑感，摆脱这种困境，你只需要使用一种技巧：永远不对自己或者其他人做出评价”（p.32）。接着，他说明了“为什么你不能以符合逻辑的方式评价你自己”，给出了这样做不合逻辑的许多理性情绪行为疗法的理由。然后，他介绍了评价自己和他人所引发的抑郁、嫉妒、愤怒等情绪困扰。

霍克接着说：“如果你不能改变缺点，那就接纳拥有缺点的自己吧”（p.47）。类似地，即使他人拥有缺点，你也应该完全接纳他们。

在这本书的结尾，霍克总结道："如果你试图解决这个问题，最终你会发现，你需要超越自尊，超越自爱。因此，你应该努力接纳自己"(p.101)。这也是对REBT立场的精彩总结。

在其他各种自助书籍中，保罗·霍克(1974，1976)同样指出，具有拖延症、沉迷于酒精和其他有害物质的人不断告诉自己："停下来太难了！我不能停下来！"实际上，他们完全可以通过无条件自我接纳最大限度地提高他们的挫折承受力。

根据本章列举的资料，我们可以看到，作为"理性情绪行为疗法"的实践领袖，温迪·德莱顿、迈克尔·尼南和保罗·霍克有力地推动了这种疗法无条件接纳自我和他人的传统。他们还为专业人士提供了许多建议，告诉人们如何通过无条件接纳人生解决缺乏纪律和挫折承受力低下的问题；因此，他们涉及了"理性情绪行为疗法"的大部分心理治疗哲学。

第 20 章

阿伦・贝克、戴维・伯恩斯与威廉・格拉瑟作品中的自尊和自我接纳

关于温和和严重抑郁症患者的功能紊乱机制，阿伦・贝克做了许多研究（贝克，1961，1963，1967，1976；贝克、拉什、肖和埃默里，1979），他提出了认知疗法，在抑郁症及其治疗上成了一位权威专家。在其重要著作《焦虑性障碍和恐惧症：认知角度》中，他还指出了自尊和自轻为何是导致焦虑和恐慌状态的重要元素（贝克、埃默里和格林伯格，1985）。

在“焦虑性障碍”关于接纳的一节中，他和其他作者指出，“关于接纳，一个人的核心理念是，他可能存在某种缺陷，因此无法被他人接纳……他进行了过度泛化和均匀化，也就是说，他认为接纳是非常重要、必不可少的……因为其他人的意见直接影响他的自尊，所以他高度依赖于其他人的反馈……换句话说，他的自我接纳是建立在沙土之上的”(pp.302-303)。

在《抑郁》一书中，贝克（1967）指出，在严重情况下，一个人的“自我评价位于最低点……他认为自己没有任何能力，是一个彻底

的失败者”(p.21)。

在他的主要作品《认知疗法与情绪障碍》中，贝克（1976）指出，“在患有抑郁症和焦虑症的患者中，较低的自尊和自我评价是一个普遍现象”，他还说，自我贬低通常来自异常想法，包括过度泛化、非黑即白思想、否认积极角度、夸大与贬低，以及凯伦·霍尼（1950）所说的蛮横的“应该”。值得注意的是，贝克在这方面的观点显然和我的发现（埃利斯，1958，1957a，1957b，1962）存在重合，尽管我们并没有进行交流。

不过，虽然贝克向抑郁症和焦虑症患者介绍了高挫折容忍度以及我所说的无条件接纳人生理念，但他似乎从未充分提倡无条件接纳人生。相反，当病人由于极度贬低自己和自己的行为而缺乏自尊时，他会指出他们的优秀特点和行为，以阻止他们贬低自己。不过，从“理性情绪行为疗法”的角度看，他仅仅是在告诉他们，如果他们拥有足够优秀的品质，他们就可以有条件自我接纳——获得有条件自尊。贝克似乎并没有认识到，拥有许多不良行为的人也可以无条件自我接纳——我认为这一点可以从他的论文（帕蒂斯基和贝克，2004）中的贝氏认知疗法以及我论文（埃利斯，2004）中“理性情绪行为疗法”的相同点和不同点上体现出来。

名著《感觉良好，新情绪疗法》(1980/1999a) 的作者、心理学家戴维·伯恩斯曾在宾夕法尼亚大学与阿伦·贝克共同开展研究，了解了认知疗法。因此，在《感觉良好，新情绪疗法》中，他起初支持有条件自尊，建议人们告诉那些贬低自己的抑郁个体，他们做了错误的过度一概而论，而且他们拥有一些非常优秀的品质和表现，因此他们可以尊重自己。

幸运的是，伯恩斯并没有就此停下来，他还写下了极为精彩的第13章“你的工作不是你的价值”，对无条件自我接纳提出了明确的支持。因此，他指出，他所说的真正的自尊“是这样一种能力：不管你在人生中的任何时刻是否成功，你都能体验最大限度的自爱和欢乐”（p.262）。这正是“理性情绪行为疗法”对无条件自我接纳的定义。由于他提到了我的《心理治疗中的理智和情绪》(埃利斯,1962）和《理性生活指导》(埃利斯和哈珀，1961/1975)，因此他的这种定义完全有可能是在我的作品中学到的。

在《感觉良好，新情绪疗法》中，伯恩斯指出，常规自尊是有害的，常常会导致抑郁和焦虑。他给出了一些优秀的练习题目，比如角色扮演，用于帮助读者对抗负面情绪，实现无条件自我接纳。在“逃离成就陷阱”一节中，他还告诉读者如何拒绝成为有条件自尊的受害者。

在《感觉良好手册》（1999b）的修订版《十天获得自尊》（1993）中，伯恩斯继续从专业角度对有条件自尊进行彻底的批判，全面提倡无条件自我接纳。他仍然支持“自尊”，但对这个词语进行了重新定义，使之具有了“自我接纳”的含义。在《十天获得自尊》的“有条件与无条件自尊”一节中，他明确指出了我一直在本书中强调的区别。这一节介绍了无条件自我接纳的八个优点，包括“我将永远感觉自己和其他人是平等的——永远不会认为自己高人一等或低人一等。这将使我在人际交往中获得更大的回报”(p.186)。

伯恩斯还指出了当你所挚爱的人去世时，健康的难过和悲伤与不健康的抑郁之间的区别，以及对于他人不公平行为的健康愤怒与对于做出这种行为的人的不健康暴怒之间的区别。这与“理性情绪行为疗法”对于健康和不健康负面情绪的区分非常相似（埃利斯，2001a，2001b，2002，2003，2004)。

在《感觉良好手册》中，伯恩斯（1999b）继续支持无条件自我接纳，而且提出了我在本书 25 章提出的羞愧攻击练习，作为帮助人们完全接纳能力不足的自己的一个主要方法。在进行这种练习时，人们故意做出愚蠢的行为，承受被社会批评的风险，努力在反对面前感到健康的悲伤，而不是不健康的自我憎恨或抑郁。

伯恩斯在《感觉良好，新情绪疗法》的第 7 章比较充分地讨论了愤怒。虽然他没有明确提出无条件接纳他人，但他特别指出了以自我为中心的“应该”权利是如何导致愤怒的：“我有权要求人们完全像我希望的那样对待我，如果他们对我不公平（这是绝对不应该的），那么他们一定不是好人！”他指出，你永远无法确定其他人的不公平，因为你无法对不公平行为给出绝对的定义；而且你对于公平的要求是不合理的，是没有根据的。在许多方面，他与无条件接纳他人的理念非常接近，而且暗示了这种理念。在《感觉良好手册》中，他讨论了同理心，指出即使当人们以恶劣的、不公平的方式对待你时，“不要批评或谴责他们本人……批评他们个人与他们的行为或思想是不同的”（p.409）。在这里，他触及了无条件接纳他人的本质；他不断提醒读者从成本效益的角度考虑改变他们对于工作、人际关系以及其他压力的恐惧，因为抱怨是没有用的。在这个过程中，他不仅倡导无条件自我接纳，而且倡导无条件接纳人生。所以，在对于接纳的不断接纳方面，戴维·伯恩斯可以拿到 100 分。和阿伦·贝克不同，他偏离了自己的出发点，进入了无条件接纳自己、他人和人生的哲学轨道，这和“理性情绪行为疗法”的观点是一致的。

威廉·格拉瑟在其作品中不断强调爱与人际关系的极端重要性，尤其是《选择疗法》（1998）和《实践中的现实疗法》（2002）。遗憾的是，他不断强调，为了自己的快乐，人们“需要”与他人交往，而不是强烈“想要”与人做伴。因此，他为人们提供的选项与“理性情绪行为疗法”的选项不同：后者认为你应该在缺乏爱情时“想要”爱情，感到健康的悲伤，而不是在无法与人建立良好关系时“需要”这种关系，感到不健康的抑郁。

不过，他在《选择疗法》中明确指出了无条件接纳他人的价值。例如：

为了维持与他人的良好关系，“我们必须停止选择强制、强迫、迫使、惩罚、回报、操纵、偏袒、怂恿、责备、报怨、唠叨、纠缠、咆哮、责骂和退却。我们必须用关怀、倾听、支持、协商、鼓励、喜爱、友善、信任、接纳、欢迎和尊重取代上述破坏性行为”（p.21）。

“当双方对对方的权力欲都很低时，婚姻最有可能得到维持”（p.101）。

“我们唯一能控制的人就是我们自己”（p.97）。

在良好的婚姻中，“关系比永远正确更重要”（p.210）。

关于无条件自我接纳，格拉瑟的论述并没有做到足够清晰有力。他显然认识到，人们往往坚持认为自己比其他人更强大、更优秀：“我们被力量所驱使，在我们所做的几乎所有事情上排定等级次序……努力出人头地，甚至把其他人踩在脚下，这是人类的一种生活方式”（p.211）。

格拉瑟不断指出，如果你拒绝争取对别人的控制权，不再对你和其他人的地位做出排序，你就可以把注意力放在更好的选择上——改变你的自我中心主义，将其他人视作与你平等的人，与他们建立令人愉快的合作关系。关于如何实现无条件自我接纳，他给出的主要解决方案是让你专注于无条件接纳他人。对于高人一等的要求以及当你没能成为“人中龙凤”时贬低自己的愚蠢想法，格拉瑟给出的“解药”是同情，这和内观学有些类似。格拉瑟极力建议你通过完全避免贬低他人来避免贬低自己。不过，他几乎没有正面研究过这个问题。

对于无条件接纳人生的哲学理念，格拉瑟在《选择疗法》开头指出，你只能控制你自己的思想、感情和行为，无法控制其他人。因此，你无法获得你所需要的一切，而且你最好接纳这种挫折。因此，格拉瑟表示，即使是学龄前儿童也“需要经历不做过多要求的学习过程”(p.58)。

在对待抑郁的妇女时，格拉瑟强调，“我要教她一些选择理论——除了她自己，没有人能让她感到痛苦”（p.132)。此外，他还说，“应当告诉当事人，生活是不公平的，这也是一件很重要的事情”——因此他们最好接纳这种现实(pp.132-133)。

综上所述，格拉瑟明确提出了无条件接纳他人的哲学理念，并将这种理念作为其疗法的一个出发点。他还模糊地提出了无条件自我接纳和无条件接纳人生的理念，而且告诉他的当事人和读者，他们总是可以选择通过他的“选择理论”遵从这些理念。

第 21 章

史蒂文·海耶斯与支持接纳和承诺疗法的其他认知行为治疗学家

史蒂文·海耶斯曾经是一个激进的行为主义者。不过，他后来构建了一种关系框架理论（RFT），强调这样一种行为主义观点：人类的情绪困扰总是出现在环境语境下；人类受到情绪困扰的主要原因在于，人类和动物不同，拥有语言。在许多方面，这是一个巨大的优势，所以我们最好不要放弃这一优势。不过，语言和符号过程非常复杂，可以帮助你制造出本来不存在的情绪性“恐惧”。因此，如果一个人在现实中遭遇不幸（比如残疾、贫穷、被人拒绝）感到抑郁，由于没有经历过死亡，他会用语言想象出天堂中的美好未来。他可能通过与自己对话，陷入更加严重的抑郁之中；可能会告诉自己，他无法忍受自己的抑郁感情；可能坚持认为，他甚至不能考虑自己可怜的状态和惊慌的感觉；可能想象出能够免除一切痛苦的和平的死后生活。因此，他可能在没有任何现实理由的情况下自杀。处于类似状况的动物不会自杀，因为它没有语言，不会想象出可能导致其自杀的那种未来。

根据关系框架理论，海耶斯开创了一种不同寻常的治疗形式，叫作“接纳与承诺疗法”（ACT）（海耶斯、斯特罗歇尔和威尔森，1999）。这种疗法不赞成人们反驳那些使人产生情绪困扰的语言内容——例如，“我绝对不能处于持续的痛苦之中！我无法忍受。太糟糕了！唯一的解脱方法就是自杀，获得真正的平和，甚至享受死后生活。”当“理性情绪行为疗法”告诉具有自杀倾向的当事人如何反驳他们的“必须”、他们不灵活的思维、他们的低挫折容忍度理念、他们从坏处着想的倾向、他们的绝望、他们拒绝承认人生挫折的执拗时，接纳与承诺疗法认为，这种对其思维内容的反驳常常会增强当事人的情绪困扰，使他们更加不愿意经历他们的痛苦，更加往坏处去想！

从某种程度上说，海耶斯是对的。“理性情绪行为疗法”也认为，语言常常会使人们进行过度一概而论：“我一定不能遭受严重的挫折！”“当我拥有糟糕的人生时，我一定不能感到抑郁。”“我无法忍受挫折和抑郁的感觉。因此，我无法获得任何快乐，只能自杀！”所以，语言有时会涉及“必须”和对于“必须”的“必须”，导致人们产生关于问题的问题。不过，“理性情绪行为疗法”告诉你，通过符合逻辑的、现实而实用的反驳——通过对你的思想进行思考，你可以选择将你的“必须”变成“最好”，更好地解决不利环境导致的情绪问题，并且减少周围环境以及现实状况中的麻烦。

“接纳与承诺疗法”采取了类似的认知行为方法，但它尤其强调“通过放松语言本身的束缚”解开当事人的语言死结（p.78）。为此，该疗法使用了各种认知情绪行为方法，尤其是哲学评估、成本效益分析、正念训练，以及对比喻的强调，而不是对“理性情绪行为疗法”所说的不正常和非理性信念进行积极主动的反驳。我最近（在媒体上）对海耶斯的“接纳与承诺疗法”和“关系框架理论”进行了系统性阐述，指出它们与“理性情绪行为疗法”具有很好的相容性。

曾参与“接纳与承诺疗法”讲习班并且实践过“理性情绪行为疗法”的西亚罗奇、罗伯和古德塞尔（在媒体上）也做了相同的事情。

我们认为两种疗法可以整合在一起，但海耶斯（在媒体上）提出了异议。

我想在这一章强调的要点是，“接纳与承诺疗法”显然是一种名副其实的疗法。它是一种具有创新性的认知行为疗法，竭力帮助当事人实现无条件自我接纳。它完全支持“受苦是人生的基本特点”这一观点（p.1）。不过，如果人类对情绪困扰的形成机制进行分析，他们可以选择最大限度地减少痛苦。利用“接纳与承诺疗法”，他们可以理解自己的破坏性语言过程，“努力改变这种过程或者更好地包容它们”（p.12）。

顾名思义，“接纳与承诺疗法”是一种认为“事实总是具有局部性和实用性”的哲学（p.19）。“在这种疗法中，有效的就是真实的”（p.20）。这种疗法的三个目标是“解释、预测和影响”（p.24）。它与当事人严格受规则制约的行为（比如过度遵守社会规则）做斗争。它督促当事人及其治疗师无条件自我接纳，无条件接纳他人，无条件接纳人生，以应对人类普遍存在的痛苦。对于这三种接纳形式的优越性，它的态度是坚决而明确的；这也是我认为它在许多方面与“理性情绪行为疗法”具有相容性，可以整合在一起的原因（埃利斯，在媒体上）。

下面是“接纳与承诺疗法”支持“无条件接纳他人”理念的一个很好的例子：“‘愿意’的一种最优雅的形式就是原谅……不过，原谅的礼物并不是给其他人的。对于过去的放弃显然不可能是给作恶者的礼物，它是给自己的礼物。”说得好极了！

和“理性情绪行为疗法”一样，“接纳与承诺疗法”要求治疗师和当事人付出巨大的承诺。这种疗法认为人类的情绪困扰属于生理倾向，以语言为导向，由艰难的环境条件诱发，因此相信不正常行为无法轻易得到改变。而且，由于“接纳与承诺疗法”要求转变人的基本价值观和理念，持续监督他们、改变他们，因此它要求人们了解新的功能性体验，以巩固可行的改变。它强调以情绪健康为目标积极工作和实践，这和“理性情绪行为疗法”类似。就算累了，也不能休息！

海耶斯（海耶斯、福利特、莱恩汉，2004）在新书《静观、接纳与关系》中承认，许多具有创新精神的认知行为治疗师正在采纳和改编各种包含重要接纳和承诺元素的方法，包括这本选集中收录的一些著名治疗师，比如辛达尔·西格尔、约翰·蒂斯代尔、罗伯特·科伦伯格、T. B. 博尔科韦茨、G. 特伦斯·威尔逊和 G. 艾伦·马拉特。

这些专家及其同事在很大程度上支持海耶斯的“接纳与承诺疗法”和“关系框架理论”，但他们也添加了一些原创性的概念和治疗技巧。他们和海耶斯都认为，他们的创新方法可以和“接纳与承诺疗法”整合在一起；不过，同其中一些疗法相比，“理性情绪行为疗法”和“接纳与承诺疗法”更加接近，但海耶斯却认为二者无法整合在一起，这真是一件怪事。

由于篇幅有限，我无法列举这些治疗学家以及其他具有创新精神的治疗学家在《静观、接纳与关系》的章节中是如何在重要方面支持无条件自我接纳、他人和人生的。你可以亲自阅读这本书。不过，我欣喜地发现，当代认知行为疗法正在这些方面取得出色的进展。按照这个速度，其理论和实践治疗可能很快就会涵盖无条件自我接纳、无条件接纳他人和无条件接纳人生的理念。这个日子似乎真的要到来了！

第 22 章

存在焦虑以及如何用存在的勇气战胜它

根据克尔凯郭尔、海德格尔、萨特和其他存在主义先锋的观点，所有人都有存在焦虑，这种焦虑有时非常严重。这是真的吗？如果是，如何最大限度地降低这种焦虑？特别地，如何用存在的勇气降低这种焦虑？

是的，也许几乎每个人都有很大的存在焦虑；这是很有可能的，下面我试着解释其中的各种原因，因为存在主义者常常不会做出这种解释。

在出生和成长过程中，我们似乎都具有严重的冲突和矛盾倾向。

1. 作为婴儿，我们无法照顾自己，在许多方面处于先天的被动状态。也许，我们在精神上让自己变得更加被动。
2. 在成长过程中，我们保留了大量被动性，但我们也在享受活动和独立性。
3. 我们的依赖和独立倾向常常会发生明显的冲突和斗争。

4. 我们常常一边努力获得巨大的依赖性和被动性，一边努力获得巨大的（也许是完美的）独立性和自主性。这是真正的冲突和不一致，没有完美的解决方案！
5. 在出生和成长过程中，我们具有将偏好提升为“必须”“应该”“理应”和要求的强烈倾向。接着，我们说服自己，我们偏好和需要依赖性，得到很好的照顾，以及自主性、自我引导、关心自己。冲突更多了！
6. 我们矛盾而冲突的愿望已经足够糟糕了，但是当我们（频繁地）将其上升为迫切的需要时，我们会感到巨大的沮丧、失控、焦虑、抑郁和愤怒。这些情绪也许会同时出现。
7. 我们常常具有强烈的完美主义倾向（仍然是既包括内在属性，又包括社会影响）。例如，我们要求绝对的自主和全方位的爱情。我们要求十足的感激和无影无踪的挫折。当我们得到部分（甚至基本）满足时，我们要求得到更多，并为此而感到焦虑。
8. 换一种说法，我们常常要求保证我们目前（或者未来某个时间）不会失去我们想要的，或者承受我们不想要的。是的，是“保证”。
9. 我们需要尽快地、便捷地得到我们想要的东西，现在就要！
10. 当我们为自己幼稚、矛盾、带有完美主义色彩的要求而焦虑、抑郁或愤怒时，我们常常因这些不舒服的感觉感到恐惧，认为这些感觉是绝对不应该出现的，从而为我们的焦虑而焦虑，为我们的抑郁而抑郁，为我们的愤怒而自责。真是雪上加霜！
11. 由于我们坚持认为自己必须有能力处理自己脱离现实的矛盾要求以及这个世界的问题，又由于我们无法处理所有这些要求和问题，所以我们实际上总是将自己逼入近乎绝望或绝望的境地。即使我们暂时能够与自己和世界和睦相处，我们也要求得到“我们总是能够维持这种状态”的（完美）保证。这需要极大的运气！

12. 由于这些原因（以及其他许多原因），我们不断要求得到不存在于人生中的存在——完美、保证、迫切需要、绝对、不冲突的矛盾。想得美！

几个世纪以来，哲学家和预言家一直在面对这些问题，他们提出了一些解决方案，比如神秘的、超自然的解决方案。我们只需要想出一位仁慈的上帝，虔诚地相信他能很好地解决我们的存在问题，这样就可以了。这是一个不太可信的“解决方案”，但如果你虔诚地相信它，它就可能发挥作用，至少暂时如此。你让自己完全相信，你的神能够完全而完美地为你着想——希望这能给你带来最好的结果。由于你无法确定这一点，所以你只能怀着热切的希望。

圣人提出的另一个主要的“解决方案”就是涅槃。这意味着你主动放弃所有满足自己的欲望和需要，要求自己坚守毫无欲望的“完美”人生。假设你在这种情况下仍然能够活下来——我对此有些怀疑，你将不会感到任何痛苦、损失以及快乐。听起来很无聊。

对于这种令人沮丧的矛盾的人类存在问题，更好的解决方案是一种更加现实的方案——圣方济各、保罗·田立克、雷茵霍尔德·尼布尔等人和“理性情绪行为疗法”称为接纳：（1）无条件自我接纳；（2）无条件接纳他人；（3）无条件接纳人生。

在你实现这些无条件接纳形式之前或过程中，你最好接纳无情的现实主义，或卡尔·波普尔所说的批判现实主义。下面的方案可以替代上述不现实的存在焦虑“解决方案”。

1. 当你成人时，不要继续沉迷于幼稚的行为，过度依赖你的监护人，被动地“利用”他们的仁慈。选择更加主动或不那么被动的方式照顾你自己——差不多就行了，不要追求完美。

2. 努力做到自然而从容地享受你的活力和独立性。
3. 认识到你的过度依赖和独立活动有时会发生冲突和斗争，而且当你想要某样东西时，你并不总是能够完全得到它。
4. 当你的过度依赖和独立冲动发生真正的冲突时，接受这种不理想的冲突。
5. 意识到你具有将自己的自主和依赖偏好逐步上升为迫切而互相冲突的需要的强烈愿望。
6. 特别地，意识到你对任何事情的需要很容易让你变得焦虑、抑郁和愤怒。
7. 审视你的完美主义。你对爱情、感激和成功的强烈欲望可能是有用的。不过，你对绝对的爱情和完整而完美的感激的强烈愿望可能会伤害到你。
8. 需要是好的，但要求必须得到你想要的东西，永远不会得到你所厌恶的东西会让你产生焦虑。
9. 当你认为自己必须轻而易举地得到自己想要的东西时，你要小心。
10. 当你让自己感到焦虑、抑郁或愤怒时，不要为此而发牢骚，尽管你可能认为这种状况是绝对不应该出现的。
11. 不要坚持认为你一定要有能力，有成就。尽力而为吧——这也是你唯一能做的事情。
12. 还是那句话，极端的完美主义、强迫化和绝对化与努力甚至竭力做到最好之间存在天壤之别。永远都要努力，但你并不需要做到完美！

一旦你在某些时候不完美地努力做到了能够做到的事情，你就为无条件接纳自我、他人以及这个艰难的世界打下了基础。总结一下我所说的一部分要点：为了得到成功、爱情以及你想得到的物质和精神事物，最大限度地回避你不想得到的事情，努力，努力，再努力！

同时：

- 接纳你不想要但无法减少的挫折、纷争、痛苦、厌恶和抑郁。
- 接纳其他人的非难、忽视、轻蔑、怨恨、嫉妒和敌意，不要为他们的言语和手势而伤害自己。
- 你可以不喜欢你的失败和无能，但你应该接纳它。同时，努力，再努力！
- 接纳其他人的不公平对待。保持原谅而不是报复的态度，未来情况也许会发生改变。不过，没有什么是一定有效的！
- 接纳你自己、你的存在、你的生命，同时尽最大努力改变你的一些不恰当、不道德的行为。
- 接纳对你的破坏行为的约束。接纳帮助，而不是对其他人的依赖。学会自主，而不是自恋。
- 接纳生活中的意义和目的，选择长期、持续、重要、吸引人的利益。
- 接纳生命的有限性，不放弃那个你一定会拥有的得到承诺的死后生活。
- 接纳这一事实：魔法无法解决你的问题，但辛勤的工作和努力也许可以缓解你的问题。
- 接纳这一事实：你是一个社会生物，虽然你可以脱离其他人的友善和合作而生活，但你会活得很惨。无条件接纳他人可以帮助你存活下来，享受与人交往的快乐，避免人类灭绝。
- 接纳你（和其他人）作为人的不完美。为自己的缺陷而自责并不能缓解你（或任何人）的缺陷！
- 接纳你喜怒无常的倾向。你可以通过努力和反思改善自己和其他人的破坏性感情。不过，感情的弱化也将意味着存在度的弱化。反思和改变你的破坏性感情，但不要把自己变成行尸走肉！

- 接纳这一事实：你是一个会思考、会感受、会行动的人。三者是相互作用的！你根据你的思考和行动去感受，根据你的思考和感受去行动，根据你的感受和行动去思考。三者是紧密相连的！通过改变其他两个元素，你可以改变所有三个元素。
- 接纳持续的思考、感受和行动。你现在就可以开始，不过，时间和持续的实践是最好的医生！
- 接纳这一事实：对自己的控制是你所拥有的最有效的控制力。
- 接纳这一事实：接纳在很大程度上是一种同情——同情你和你本身，同情他人和他们本身，同情这个混乱的世界及其本身。三者缺一不可。

这就是你应该接纳的所有内容吗？也许吧。我暂时只能想到这么多了。

The Myth of
Self-Esteem

第23章

选择无条件自我接纳这条少有人走的道路

我已经介绍了无条件自我接纳的含义及其与自我效能尤其是有条件自尊之间的重要区别。假设我已经做出了精彩的论述，让你接受了有条件自尊的缺点和无条件自我接纳的实际优点。这需要一定的时间，但是假设我们已经做到了这一点。然后呢？

然后是一个简单的问题和一个不太简单的回答。问题是："我如何实现无条件自我接纳？"回答是："许多认知性、情绪性、行为性方法可以做到这一点，其中有两种主要方法：（1）排除万难，坚决做到这一点；（2）拼命努力创造出你想要得到的意志力。"

首先是决定。根据"理性情绪行为疗法"的理论和实践，你是一个做选择的人，拥有选择无条件自我接纳的先天和后天能力。在几年（也许是几十年）的时间里，你没有做到无条件自我接纳，因而非常痛苦。在本书中，你看到了自我效能的优点，很想拥有巨大的自我效能。不过，和大多数人一样，你很容易将其与有条件自尊混淆，现在你发现，这样做的效果不太好。你有时强迫自己表现出色，得到重要人物的认可；不过，即使这种方法“有效”，它也具有巨大的局限性。在一段时间里，你在争取成功方面取得了一定的效率，不过，你会产生显性或隐性的焦虑。你发现你无法保证这一点并因此而贬低自己：这正是有条件自尊。你没有足够好的表现，或者只能暂时维持良好的表现，或者起初表现良好，随后马失前蹄。你很快意识到这一点，发现你具有很强的条件性自尊（当然还有条件性自我接纳）。你希望得到更多。

看到自己被这条道路背叛和欺骗，你决定选择另一条你曾经听说过的叫作“无条件自我接纳”的道路。你从“理性情绪行为疗法”最开始的一个命题（或叫假设）入手：你的一切思考、感受和行动都是相互作用、相互影响的。你根据你的思考和行动去感受，根据你的感受和思考去行动，根据你的感受和行动去思考。三者紧密相连！

因此，你有些不情愿地决定：“我想要改变我的一些思想、感觉和行为。实际上，我要做出很大的改变！”这是一个不错的开端。不过，这仍然只是一种决定——你并没有太多的感觉和行动。你有意愿，也许还有决心，但你仍然没有意志力。

所以，你开始在意愿和决心上下工夫。你提醒自己，有条件自尊有许多缺点，无条件自我接纳有许多潜在优点。你可能会重读本书第7章，这一章不仅概括了有条件自尊的许多优点，而且介绍了它的许多缺点，同时指出了无条件自我接纳可能具有的更大的优点。对此，你进行了若干次成本效益分析，决定将无条件接纳作为你的目标。不过，你很容易将其与自我效能和有条件自尊混淆！这是非常容易的，因为你会自然而然地用后者的方式去思考和感受，而且多年来，你一直都在这样做。

所以，你不断坚定自己的意愿和决心。你试图获得一些相关信息，你发现，即使是意愿和决心也需要付出辛苦的努力，而且你还需要不让自己在这方面偏离正途。

你在科日布斯基和普通语义学那里获得了一些相关信息：当你做了一件好事时，将你整个人评价为好人的做法是错误的，因为你永远只是一个做好事（或坏事）的人，而不是彻底的好人或坏人。所以，当你倒退回有条件自尊时，比如“我决定选择‘无条件自我接纳’这条道路，这说明我很优秀”，你应该提醒自己“胡说！这种行为是好的，但这并不意味着我是个优秀的人”。这样，你就不会因为改变的决定而产生有条件自尊，并把注意力重新放在这个决定上，认为它是好的，但它并不能决定你的好坏，你只是表现出色而已。

你继续努力追求无条件自我接纳，而不是有条件自尊。你不断努力，也就是说，你不断行动。你再次对自己的无条件自我接纳进行测试——“即使我出现了倒退，我也可以无条件接纳自己！我怎样才能不断选择和决定这样做呢？我应该告诉自己‘接纳我在这方面的努力’以及‘接纳在这方面努力的我’之间的巨大区别”。

你缓慢而坚定地稳步前进。你不喜欢你的退步，但你不会不喜欢退步的你。就这样，你坚定地纠正着自己的错误。

你的脚步持续而永不停息。你多次轻微地（甚至是严重地）返回有条件自我接纳。当你意识到错误时，你会改正错误。经过多次训练，你的有条件自尊变得越来越少，无条件自我接纳变得越来越多。

在前进过程中，一定要使用三个主要的交互工具。

1. **思考，谋划，计划，想象**。“我可以为无条件自我接纳而努力。”“我刚刚倒退回了有条件自尊，它可害苦了我！”“我再次愚蠢地跌倒了，但这并不意味着我是一个愚蠢的人——那样就落入了过度一概而论的陷阱。”
2. **感受，体验**。“在自己身上努力感觉很好，很有挑战性。”“应对这种挑战有一种高贵的感觉，这很好，但这并不意味着我是一个优秀的人。”“我喜欢改变，但这并不表示我是一个特别的人。”

3. **行动，表现，前进**。“我可以努力应对这种挑战，但我也可以放松，再放松。”“即使自我改变的努力最终失败，我仍然可以学到一些宝贵的东西。”“如果我无法将改变持续下去，而且人们为我的失败而贬低我，这将是一个非常糟糕的结果，但它绝不是一种耻辱。”

凭借这三种复杂的交互工具，你不断地决定，下决心，获得新信息，反思，实验，冒险，跌倒，爬起来，重新振作，等等。即使累了，也不能休息！你的思想刺激着你的感情和行为；你的感情刺激着你的思想和行为；你的行为刺激着你的思想和感情。

作为额外的奖励以及额外的实践，你对无条件自我接纳的自觉追求可以预防你出现奋斗者常见的二次心理波动症状。由于对无条件自我接纳的探索远非一帆风顺，蕴涵着巨大的痛苦和失望，所以你可能会让自己感到焦虑和抑郁，此时，你不会为自己的挫折而贬低自己，为自己的焦虑而焦虑，为自己的抑郁而抑郁，或者无法忍受自己付出的巨大代价。这很糟糕，但并不可怕或恐怖。

如果所有这些听起来很模糊，没关系，你可以接着往下看。我会在下面几章介绍如何使用“理性情绪行为疗法”和“认知行为疗法”的一些主要的认知性、情绪性和行为性方法，告诉你如何具体地用这些方法实现无条件自我接纳，而不是有条件自尊。和之前一样，我会解释如何以交互方式使用这些方法。

第 24 章

实现无条件自我接纳的具体的思考、谋划、规划和计划技巧

为帮助人们结束情绪困扰，获得更大的快乐，除了情绪方法和行为方法，几个世纪以来，哲学家、领袖、顾问和治疗师提出了许多认知方法。包括皮埃尔·让内、阿尔弗雷德·阿德勒和保罗·杜波依斯在内的一些治疗师，采用和改编了其中的许多方法。当这些方法在 20 世纪 50 年代开始遭到弃用时，乔治·凯利和我在 1955 年分别独立地复兴了这些方法；稍后，阿伦·贝克、唐纳德·梅琴鲍姆、戴维·巴洛和威廉·格拉瑟等人在 20 世纪六七十年代进一步推进了这种复兴，他们使用了许多认知行为疗法。

“理性情绪行为疗法”是一种具有开创性的疗法。从 1955 年开始，这种疗法将情绪方法、行为方法与思考方法结合在一起，它尤其强调对思想进行思考的重要性，它特别突出了无条件接纳自我、无条件接纳他人和无条件接纳人生的极端重要性。你可以尝试利用“理性情绪行为疗法”的这些主要的“思考－感受－行动”方法来实现无条件自我接纳。

和“认知行为疗法”类似，“理性情绪行为疗法”强调理性信念（RB）和非理性信念（IB）在个体性和社会性情绪困扰中起到的作用。其 ABC 理论假设人类强烈希望在一些方面获得认可和成功，而且常常被逆境（A）击倒，产生健康的后果（C）——比如失望、悲伤和懊悔，或者不健康的后果（C）——比如抑郁、愤怒和重度焦虑。理性信念以偏好的形式出现——比如“我非常希望你爱我，但你显然并不是必须做到这一点。如果你不爱我，我也不会自杀。”非理性信念以要求的形式出现——比如“你必须爱，否则就太可怕了，我永远无法赢得爱情，也许自杀才是我最好的选择。”

要想彻底反驳（D）这种认为自己毫无价值的非理性信念，你可以选择多种方法，尤其是下面这些方法：

- **现实性反驳**：“为什么你必须爱我？为什么你是我唯一的爱人？”回答：“你显然不是必须爱我，尽管这是最好的结果。显然，我还可以选择其他人。”
- **逻辑性反驳**：“如果我无法赢得你的爱，这会使我变成一个不可爱的没有价值的人吗？”回答：“不，它仅仅说明我是一个无法得到你的人。我并不是不可爱，只是这次没有得到爱情。其他人可能觉得我很可爱。”
- **实用性反驳**：“你必须爱我，如果你不爱我，最可怕的结果是什么呢？”回答：“不管是什么时候，这件事都不会带来任何可怕的结果，仅仅是非常不方便，损失很大而已，而这只是暂时的！”

通过“理性情绪行为疗法”，你可以反驳和破除绝对的思考方式，包括“从不”“永远”“极为可怕”以及其他形式的过度推广，当你在情感上不断坚持这种做法时，首先，你将无条件接纳自己（USA）；其次，你将无条件接纳他人（UOA）；最后，你将无条件接纳人生

（ULA），同时尽量减少其中的纷争。你不断坚持这种做法，直到将这三种接纳变成你的潜意识和自动倾向。

在这种积极主动反驳非理性信念的过程中，你往往会形成和反思理性陈述，用于应对目前和未来的实际困境或可能的困境。例如，“我从不需要我绝对想要的东西。”“损失是一种很糟糕的结果，但它并不可怕。”“包括我在内，没有人是毫无价值的。”“其他人可能对我不公平，但他们绝不是坏人。”“生活常常很痛苦，但它并非永远如此。”

寻找可能的二次症状

二次症状很常见。假设你可能出现由于症状导致的症状——这可能产生自我贬低，并因此你贬低自己；或者，你可能诋毁他人，并因此而诋毁你自己；或者，你可能因为人生的逆境而哭泣，并为这种幼稚的哭泣而责备自己。如果你认识到你正在为自己缺乏接纳态度而惩罚自己，你就会知道，这些症状将阻止你的自我改善。因此你应该这样做：首先，承认你缺乏接纳态度这一事实；其次，接纳这种失败，同时不认为自己是一种失败；最后，毫无抱怨地竭力改变这一点。

不断评估无条件自我接纳、无条件接纳他人和无条件接纳人生的成本效益比率

像我之前所说的那样，确认各种自我评价类型的效益和成本。即使是最糟糕的类型（有条件自尊）也是有优点的；即使是最好的类型（无条件自我接纳）也是有缺点的（比如可能导致自恋和自大）。不断评估它们有利和不利的一面。你不断问自己：“这种态度值得吗？”当你回答不值得时，给出不值得的理由，指出这种态度的破坏性，说出其弊大于利的原因。

在这个过程中，你可以列出某种态度（比如有条件自尊）的优缺点。对于每一项优缺点，给出你的个人评分（1 ~ 10 分）。将优点和缺点的分数加起来，看看到底哪一边的权重大。将这个结果运用起来。

使用转移注意力方法

当你使用这里介绍的一些方法有困难时，尤其是当你对这些方法的运用效果感到焦虑时，你可以用各种转移注意力方法使自己平静下来，比如冥想、瑜伽以及其他放松技巧。这类方法往往只具有缓和作用，只在一段时间内有效——经过这段时间的休息，你可以想出更好的解决方法，以饱满的精神重新面对你的问题。

如果你不知道自己是真的做到了无条件自我接纳，还是仅仅实现了有条件自尊，你可以拿出一点时间，选择某种放松方法，比如采用雅各布森的渐进式放松法，放松身体的肌肉。这种放松可以帮助你暂时忘记烦恼，或者让你有时间对事情进行透彻的思考，得出一个成熟的结论。

模范方法

阿尔伯特·班杜拉（1997）和其他心理学家用模范方法帮助孩子和成人掌握学习技能，“理性情绪行为疗法”和认知行为治疗师经常教导当事人如何成功地使用这种方法（J. 贝克，1995；埃利斯，2001a，2001b，2003a，2003b）。如果你想要使用这种技巧帮助自己获得更好的自我效能和无条件自我接纳，你可以采取下面几种途径。

1. 你可以寻找你所认识的在无条件自我接纳方面表现出色的人，和他们交谈，发现他们做到这一点的确切原因，将他们相关的思想、感情和行为当作学习的模范。例如，克拉丽莎羡慕琼的罕见能力，她可以在老板严厉批评她的情况下接纳自己；克拉丽莎和琼进行了交谈，发现每当琼在工作上受到批评时，她就会停下来，列出老板所提建议的正确之处和潜在作用，感谢他提出的建议，从不贬低自己。琼从她的错误中吸取教训，并为她的这种自我纠正能力感到自豪，但是并不为自己感到自豪。克拉丽莎效仿琼的做法，强迫自己从上司的批评中寻找有效成分，将其运用到实践中，并且不为自己的缺陷而自责。于是，她开始变得更加接纳自己。

2. 你可以寻找一些非常善于接纳自己的人，尤其是名人，将其作为自己的榜样。当我向诺曼讲述爱比克泰德的著名故事时，他深受触动。爱比克泰德是罗马奴隶，他警告主人不要拉紧自己腿上的脚镣，以免弄断他的腿。主人没有听他的话，拉紧了链子，结果弄断了他的腿。爱比克泰德并没有感到痛苦和愤怒，而是平静地说："看，我没说错吧，你弄断了我的腿。"他的主人被爱比克泰德的自我接纳和平静所打动，释放了他，他成了罗马斯多葛哲学的一位先驱。诺曼效仿了爱比克泰德不同寻常的气度，学会了接纳自己，不轻易发怒。
3. 你可以寻找无条件自我接纳的其他榜样，和他们交谈，阅读他们的故事，借助于榜样的力量解决你的各种不接纳问题和其他情绪行为问题。

使用阅读疗法和作业材料

"理性情绪行为疗法"和其他一些认知行为疗法使用各种宣传材料、书籍、记录、REBT 自助表格以及游戏向当事人灌输理性哲学和实践。这些疗法尤其鼓励那些具有自我贬低和有条件自尊理念的人定期填写 REBT 自助表格。

卡罗尔经历了一段困难时期，虽然她可以原谅自己在学习和工作上的失败，但她粗野地责骂她十几岁的儿子亨利，认为他的谎言和借口是错误的、有害的、不可原谅的。我几乎是用强迫方式让她填写了十几份 REBT 自助表格。到了最后，她的填表结果表明，在指责亨利的不良行为方面，她学会了某些形式的无条件自我接纳，并且能够将其保持下来。

将“无条件自我接纳”教给朋友和亲戚

自从 1959 年第一次对“理性情绪行为疗法”进行实验以来，我在很大程度上将其与小组治疗结合在了一起。我很快证实了我的猜测：当人们和小组成员谈论他们的问题时，他们可以得到各种宣泄性和教育性的帮助。更重要的是，当人们理智地劝导小组成员放弃死板的不理智行为时，他们也在劝说自己放弃这种行为。

例如，乔纳森擅长数学，经常解决复杂的数学问题，他不断告诉自己，自己非常聪明，赢得了教授的表扬，因此自己是一个“高人一等的人”。由我和其他成员组成的治疗小组认为他在数学方面偶尔取得的优异成绩并不能使他成为高人一等的人或“高贵”的人。不过，他从不接受这种观点。他执着地认为，由于他总是在数学方面表现出色，因此他的确高人一等。

在小组里，乔纳森遇到了他的表弟汤姆，汤姆和他的表现几乎一模一样。汤姆认为，由于他在绘画方面一直表现优秀，所以他是一位高人一等的画家，当然也是一个高人一等的人。汤姆严格坚持这种信念，直到他在绘画班上排到了第二名。此时的汤姆不再感到自己有任何优越性，非常抑郁。小组给乔纳森留了一道家庭作业：用一个晚上的时间和汤姆待在一起，劝说他放弃“高人一等”的想法。乔纳森做到了这一点，他（几乎）让汤姆认识到，他在绘画（某个方面）上的高人一等并不意味着他是一个高人一等的画家或高人一等的人。同时，乔纳森也和汤姆产生了轻微的冲突。虽然失去了汤姆的友谊，但乔纳森在很大程度上放弃了自己在数学方面或其他方面成为“高人一等之人”的情结。

更多认知性 – 情绪性方法

除了《从业者的 REBT 资源书》(伯纳德和沃尔夫,2000）的介绍，“理性情绪行为疗法”的实践者还设计了其他一些实现无条件自我接纳的具体认知性 – 情绪性练习。下面是你可以付诸实践的一些良好建议。

保罗·霍克：自我评价心理学

1. 有三种方法可以克服自卑感：
   a. 永远不评价自己；
   b. 培养行动的信心；
   c. 让人们尊重你。
2. 其中，第一种方法是最好的方法，也是唯一永远有效的方法。
3. 自我评价可能导致两种极端：
   a. 低人一等、内疚、低自尊或抑郁的感觉；
   b. 高人一等、自负或虚荣的感觉。
4. 在所有内疚、自我意识、低自尊、害怕别人、害怕失败的感觉中，低人一等的感觉处于核心位置。
5. “自我”是可以对你的特点和行为做出的所有好坏判断的总和，这些判断有几百万种。因此，作为一个整体，你永远无法被评价；只有与你有关的各种因素可以被评价。

6. 永远将对人的评价与对行为、财富、头衔或性格特点的评价分开。
7. 自我评价将导致四种常见的情绪困扰：
   a. 尴尬；
   b. 丢脸；
   c. 羞愧；
   d. 侮辱。
8. 如果你拒绝再次评价自己，你将永远不会再次感受到这些情绪。
9. 尴尬 = 轻度未达预期（比如在婚礼上迟到）。
10. 丢脸 = 中度未达预期（比如在婚礼上喝醉）。
11. 羞愧 = 重度未达预期（比如在婚礼上呕吐）。
12. 当你感觉受到侮辱时，你实际上接受了关于你的粗鲁言论，相信你是一个不受欢迎的人。没有你的允许，没有人能侮辱你。
13. 放弃“自爱”和“自尊”的想法，它们都是自我评价的衍生物。
14. 你应该怎样评价你自己？不评价！相反，接纳你自己。这是你的最佳选择。

要想获得更多帮助，请阅读保罗·霍克的著作《战胜评价游戏》。

比尔·博赫特：有助于加强自我接纳的想法

1. 当我表现糟糕时，我不是一个糟糕的人，我只是一个做出糟糕表现的人。
2. 当我表现出色、取得成就时，我并不是一个出色的人，我只是一个表现出色、取得成就的人。
3. 不管胜利、失败还是打平，我都会接纳自己。
4. 我最好不要根据自己的行为、其他人的意见或世界上的任何事情对我的整体做出定义。

5. 我可以做自己，无须努力证明自己。
6. 当我做出愚蠢行为时，我并不是傻瓜。如果我是傻瓜，我就不会从错误中吸取教训了。
7. 当我做出倔强的行为时，我并不是一头驴。
8. 我有许多缺点，而且可以在不责备、谴责、诅咒自己拥有这些缺点的情况下努力纠正它们。
9. 可以纠正，但不能自责。
10. 我既不能证明自己是一个好人，也不能证明自己是一个坏人，我所能做的最明智的事情就是接纳自己。
11. 当我做出像蛀虫一样卑劣的行为时，我并不是蛀虫。
12. 我无法"证明"一个人有价值或没有价值，所以我最好不要去尝试不可能做到的事情。
13. 承认自己是人类的一员胜过试图证明自己是超人或将自己评价为下等人。
14. 我可以列举自己的弱点、缺点和失败，同时不会以此为依据判断或定义自己。
15. 寻找自尊或自我价值会导致自我判断乃至自责，自我接纳可以避免这些自我评价。
16. 当我做出愚蠢的行为时，我并不愚蠢。相反，我是一个偶尔做出愚蠢行为的不愚蠢的人。
17. 我可以责备自己的行为，同时不责备自己。
18. 我可以表扬自己的行为，同时不表扬自己。
19. 探究你的行为！不要探究你自己！
20. 我可以承认自己的错误，并为此而负责，同时并不因此而责备自己。
21. 根据自己的表现、成就、给他人留下的印象以及获得他人的认可，而对自己做出有利判断是一种愚蠢的行为。

22. 根据自己的表现、成就、给他人留下的印象以及获得他人的认可，而对自己做出不利判断是一种同样愚蠢的行为。
23. 当我做出无知的行为时，我并不是无知的人。
24. 当我愚蠢地贬低自己时，我并不需要因为这种自我贬低行为而贬低自己。
25. 我并不需要根据我的情况决定自己对他人的接纳。
26. 我不是任人打扮的小姑娘，不管其他人如何评价我，我都能接纳自己。
27. 我有时可能需要依靠他人为自己做一些实践性的事情，但我在接纳自己时并不需要在情绪上依靠任何人。实践性依赖是真实的，情绪性依赖是虚幻的。
28. 在接纳自己时，我不需要为任何人或任何事负责。
29. 成功也许很好，但它并不能使我变成一个更加优秀的人。
30. 失败也许很糟糕，但它并不能使我变成一个更加糟糕的人。

珍妮特·沃尔夫：自我接纳周记

我在本周表现出的各种自我挫败的方式（没有好好照顾自己和自己的生活），包括将自己陷在坏情绪里、使自己偏离目标的认知 / 情绪 / 行为方式。

____

____

____

____

____

我在本周表现出的好好照顾自己和自己的生活的方式，包括使自己脱离坏情绪、坚持目标的认知 / 情绪 / 行为方式。

本周我在治疗中的努力方向：________________________

____

____

____

迈克尔 E. 伯纳德：自我接纳练习

说明：本练习用于帮助你反驳这样一种信念——如果你在某件事情上失败了，或者某人批评或拒绝了你，那么你就是一个完全没有希望的失败者。

为了克服那些阻碍自我接纳的非理性想法，在带有加号的合适区域填写你在工作或学习上的出色表现，在带有减号的合适区域填写你在工作或学习上的糟糕表现，完成圆圈的上半部分。然后，在圆圈的下半部分填写你的出色表现和你喜欢自己的地方，以及你的糟糕表现和你不喜欢自己的地方。

为了对抗你在事情进展不顺利时贬低自己的趋势，向你自己提出下面的问题：

- 这种糟糕的局面（错误、失败、拒绝、批评）会带走我的优秀品质吗？
- 因为一次或几次不良表现而得出“我完全没有希望”的结论是否合理？

The Myth of
Self-Esteem

第 25 章

实现无条件自我接纳的情绪性 - 唤起性和实验性练习

多年来，一些罗氏治疗师、存在主义治疗师、格式塔治疗师和其他心理治疗师，提出和使用了许多用于实现无条件自我接纳的情绪性 - 唤起性和实验性方法。理性情绪行为疗法和认知行为疗法采纳了这些方法，同时发明了自己的一些实验性方法。在这方面，你有许多练习方法可以选择，下面我就介绍其中的一些练习。多年来，我经常对我的当事人使用这些方法，以帮助他们降低焦虑和抑郁，尤其是帮助他们实现无条件自我接纳。下面是你可以尝试的一些方法。

使用理性情绪想象

我在《克服抗拒：一种完整的理性情绪治疗方法》（修订版）中描述了理性情绪想象（REI），下面是这种描述的修改版本。

我之前说过，想象的使用在很大程度上是一种认知形式，但它也具有强烈的情绪性和戏剧性特点，得到了许多治疗学家的倡导（拉扎勒斯，1997）。曾在20世纪60年代后期和我共同进行研究的小马克西·莫尔茨比（1971）首先提出了理性情绪想象方法，从那以后，我和其他许多理性情绪行为疗法治疗师一直在使用这种方法。这种方法成功地将认知、感情和行为结合在一起。我经常在我的讲习班使用这种方法，参与治疗演示的许多志愿者事后向我反映，他们使用了这种想象方法，而且这种方法在很大程度上帮助他们捕捉到了不正常的感情，并且做出了改变。

"理性情绪想象"可以帮助人们生动地体验理性情绪行为疗法的一个基本概念：当人们面临逆境时，悲伤、失望、沮丧、苦恼和不悦等负面情绪几乎总是健康而合适的。实际上，一个人在发生这种事情时感到快乐或没有感觉是不正常的。拥有某些负面情绪可以帮助人们应对令人不愉快的现实，鼓励自己努力改变现状。问题是，几乎所有人都会经常将失望和懊悔等健康的负面感情转化成焦虑、抑郁、愤怒和自哀等令人不安的感情。这些情绪是正当的，因为所有情绪都是正当的；不过，它们通常会起到破坏作用，而不是帮助作用。

因此，在使用"理性情绪想象"时，你最好考虑某种令你非常不愉快的事情，深切地感受你经常体验的那种不健康的负面感情。接着，你进入这些感情，强烈体验这些感情，然后努力将其转换成关于相同不幸局面的健康的负面感情。当你能够将其转换成健康的负面感情时，你需要在接下来的30天里不断练习，最好每天一次，直到每当你想象出这种逆境或者每当它实际发生时你都能自动或无意识地感受到健康的负面情感为止。你通常能够在两三分钟内进入健康的负面情感，几周之后，你通常可以自动进入这种情感。

我曾在英国的一个讲习班上在100名咨询师和治疗师面前同一名当事人志愿者演示"理性情绪想象"。这名志愿者20年来一直在生母亲的气，因为她在他小时候没能像她应该做的那样照顾他，而且她一直在为小事而严厉批评他（这当然也是不应该的）。她对人不友好，非常小气，但对他妹妹一直非常好。包括他父亲在内，人们都认为他母亲在虐待他，所以他相信：（1）她一定是错的；（2）他对她感到愤怒是应该的；（3）她的恶行直接导致了他的愤怒，他很可能一生都要活在愤怒之中。另一方面，他知道他的愤怒对他很不利，他的医生也告诉他，他的愤怒不利于他的神经系统和心脏功能；他的妻子也在不断提出抱怨，说他由于生气而忽视了她。所以，他有一定的改变动力。

我告诉这位当事人，他的愤怒很可能是自己创造出来的，因为他要求母亲不要像现在这样对待他，而她很可能到死也不会做出改变。他勉强同意了这种说法，但他认为自己有明确的证据证明母亲的错误，证明她对他和其他人的巨大伤害，因此他对她发脾气是有道理的。我告诉他，他似乎相信她能够改变自己的行为，但他并不能在她改变行为之前改变自己对她的愤怒，这是一件非常奇怪的事情。

所以，我对他使用了"理性情绪想象"方法，首先让他闭上眼睛。"现在请想象最糟糕的事情——在圣诞节，你像以前一样去见你的父母，而你母亲的态度和以前一样恶劣。她会对你提出各种指责，甚至包括谋杀罪名；她会告诉你，你是个一无是处的人，如果你不改变自己的做法，你将遇到无穷无尽的麻烦；她会揪住你的小毛病，批评个没完。你能真切地想象出这种场景吗？"

我的当事人立即回答说："当然可以！她就是这样的人。"于是我说："好的。现在请将你的注意力高度集中，想象她在责骂你，在对你咆哮……维持这种想象。感觉怎么样？"当他回答"想要打人"时，我说："好的。保持住这种状态，让自己获得强烈的感受。你感觉非常愤怒、非常恐惧，想要打人——愤怒到了极点。一定要保持这种状态，一定要去感受这种情绪。"

我的当事人说："哦，我做到了。"我说："一定要充分感受这种情绪。让自己进入到最强烈的愤怒之中，维持这种愤怒，用你的心去感受这种愤怒。”他说：“我感到了极其强烈的愤怒——就像她在屋子里一样。”

于是我说：“好的。你已经再次真正地感受和体验到了这种愤怒，知道了它的感觉，现在请为你母亲的这种行为感到极端的悲伤和遗憾，但不要对她发怒。悲伤、失望和遗憾，千万不要发怒。”他说：“这样做很困难。”我说：“这是可以理解的，因为这么多年来，当你想到这种事情或当事情真的发生时，你每次都会感到愤怒。但是现在，请让自己产生悲伤、失望、遗憾的感觉——这是可以做到的。”

我的当事人沉默了几分钟。和其他演示一样，我之前没有见过他，我们之间没有特别的心灵默契。不过和其他人一样，在我让他进行理性情绪想象之前，我曾告诉他，他的愤怒是他自己创造出来的，如果他能改变创造和维持这种愤怒的“必须”“应该”和“理应”，他就一定能够改变这种愤怒。

因此，我的当事人最终表示：“我现在仍然感到极为悲伤和遗憾，但我感觉没有那么愤怒了。”于是我说：“很好。你是怎样做到的呢？为了将你的感情从不健康的愤怒转变成健康的失望和遗憾，你做了什么呢？”

发明这种方法的马克西·莫尔茨比通常会在这个时候问当事人，他使用了哪种信念来改变和巩固自己的感情。不过，我希望当事人能够亲自看出自己是如何减轻愤怒的，因此我从不问他“你对自己说了什么”——因为这样就会暴露出问题的解决方法，他也可能给出自己并不相信的“正确答案”。我的目标是让他独自改变自己不健康的负面情绪，看到自己真正在为自己的感情负责。我没有告诉他应该通过自我暗示的方法获得健康的负面感情，而是对他说：“为了改变，你做了什么？”这位当事人说：“我告诉自己，她的确是一个心理非常不正常的人，她一直都是这样，虽然这非常令人遗憾和失望，但她并没有不这样做的理由——实际上，她有许多理由做出这样的表现。”

我说："这很好，我想你可以有效地使用这种过程：为强化你的技能，我想让你未来 30 天重复我们刚才所做的事情，也就是真切地想象你母亲责骂你、侮辱你的情景。让你感受到自己的感受（包括愤怒的感受）然后用那种适用于你的解决性陈述改变你刚才的极度愤怒。"

当事人问："什么样的解决性陈述？"我回答说："你有多种选择：'她的表现太糟糕了，但这就是她的行为，而且似乎是她的本性。'或者'我永远无法忍受她对我的贬低和各种辱骂，但我当然可以忍受这一点，她又不会把我吃掉。虽然这并不完美，但我仍然可以过上快乐的生活。我的确不喜欢它，但我有能力仅仅感到悲伤和遗憾，而不是感到震惊和恐惧。'"当事人说："哦，我知道了。"我说："很好。你能坚持每天做一次吗？刚才你只用了几分钟。过一阵子，你可能只需要更短的时间。"

他接受了这项为期 30 天的计划。我说："好的。为了确保——或者尽量确保——你能做到这一点，我再给你提供一条强化建议吧。""这是什么意思？""你在一年里几乎每天都会做的娱乐活动是什么？"他说："打高尔夫。"于是我说："很好，非常好。等你完成了理性情绪想象，改变了自己的感情时，你再去打高尔夫，让这件事成为你打高尔夫的前提条件；当你做完这种练习时，只要愿意，你可以打上一整天高尔夫，尤其是在周末的时候。第二个问题：什么事情让你感到非常痛苦，因而讨厌去做并且经常回避呢？"

这位当事人给出了和其他许多当事人相同的回答："打扫和整理房间。"

于是我向他提出了建议："如果在未来 30 天的某一天里，你在睡觉之前没有做'理性情绪想象'，你需要花一个小时的时间打扫房间。如果你的房间非常干净，你可以去整理邻居的房间。"

"好的。"

“你真的会这样做吗?”

“是的。”

两个月后，这位当事人从英国给我寄来了一封信，说他一直在练习“理性情绪想象”。大约 15 天以后，他几乎可以自动感受到对母亲行为的失望和遗憾，而不是愤怒。

“理性情绪想象”具有多种实践方式，但我通常使用上面这一种，因为我想强调其中的情绪性、唤起性和实验性元素。而且，我希望我的当事人能够继续独立完成这种练习，通过改变他们制造不健康感情时使用的自我陈述改变他们的感情，而不是凭借我对他们的指导做到这一点。

“理性情绪想象”通常是与其他一些“理性情绪行为疗法”技巧共同使用的，因此专门考察这种方法是否有效的研究寥寥无几。不过，我在临床上观察到，许多积极使用这种方法消除自身愤怒和抑郁的人往往会得到优异的结果。他们仍然可能出现反弹，尤其是当他们具有严重的人格障碍时。不过，这种方法的确可以帮助他们明显降低愤怒、抑郁、内疚或焦虑等不正常的感觉。

为了实现无条件自我接纳，你可以使用“理性情绪想象”方法真切地想象你在做一件“可怕”的事情——比如“可耻地”背叛一个特地来帮助你的朋友，被这个朋友和其他一些人揭穿，并被这些发现你的不忠行为的人严厉批评。真切地想象这种“可耻的”事件，去感觉——感觉，感觉，感觉——卑贱、极度尴尬和自我诅咒。感觉你的背叛、你的行为乃至你这个人都是没有价值的。感受这一点，充分地感受这一点！接着——不要丢掉你的想象！——将你的羞愧和尴尬转变成健康的负面感情，比如真正的悲伤和遗憾，但是不要转变成自我毁灭。

当你改变你的感情时——如果你认真去做，通常只需要几分钟——看看你为了这种改变做了什么：你是如何将一组非理性信念——“我不应该背叛我的朋友！这种行为太糟糕了！”转变成理性信念的——“我的背叛很恶劣，但我只是做出恶劣行为的人，而不是无可救药的人！”

如果你连续进行了 30 天的“理性情绪想象”，你仍然会为自己的背叛负责，但你会在情绪上强烈而完全地接纳自己。而且，根据“理性情绪行为疗法”的观点，你将训练自己未来自动无意识地在更大程度上无条件自我接纳的能力。而且，你很可能会减少自己的背叛行为。

使用羞愧攻击练习

令“理性情绪行为疗法”名声大噪的一种情绪性－唤起性和行为性练习，就是我所提出的那种非常流行的羞愧攻击练习。我曾经对我在十几岁和二十几岁时所做的许多事情感到羞愧，如果我在朋友面前表现得“不优雅”，那么我很容易贬低自己。如果我做出软弱、愚蠢或荒唐的表现，我马上就会将自己看成一个软弱、愚蠢或荒唐的人——在我所生活的以中产阶级为主的布朗克斯街区，我的所有朋友和熟人几乎都是这样。当我们犯下社交错误时，我们的自尊就会降低甚至消失。

我的个人情况更加严重，因为从 19 岁起，我成了一个政治激进派和无神论者，并且为自己的独立思考能力感到极为自豪。因此，当我意识到我在某种程度上是一个社会习俗遵从者，同时不得不保持独立、拒绝人们的认可时，我知道我正在愚蠢地违反着自己的观念。因此，我对我的墨守成规感到极其羞愧，对我的无力“反叛”感到极其羞愧，对我的羞愧本身也感到极其羞愧。我出现了神经过敏症状，并且因为这种症状而贬低自己，同时极其轻视自己。

我努力接纳产生羞愧感的自己，但是只在一定程度上取得了成功。当时，我并没有“无条件接纳自己”这一 REBT 概念，只是非常轻微地感觉到了这种理念。因此，我尽最大努力减轻我的羞愧感——我在一定程度上认识到这种感觉是很愚蠢的——但我仍然抑制不住这种感觉。

就在24岁那一年，我发明了羞愧攻击练习。我会做出一系列“可耻的”行为，比如在自助餐厅里只要一杯水，并在离开时交出一份空白账单，然后承担被收银员训斥的风险。

我愉快地将这种行为持续了几个月——我还穿着不得体的衣服去学校和派对，并且进行了其他羞愧攻击练习——我发现，这些练习的效果非常好。几乎没有人注意到我或批评我；当他们批评我时，我很快学会了不把这种批评放在心上。实际上，我常常很喜欢让责备我的人变得“心烦意乱”。

10年后，当我成为治疗师时，我遇到了许许多多存在有条件自尊问题的当事人——实际上几乎所有当事人都有这种问题，我开始发现，在教授他们无条件自我接纳理念时，羞愧攻击练习是最好的实验性家庭作业之一。我和我的REBT实习生已经对全世界几千人进行了这种练习，我们经常可以取得神奇的效果。

为了更好地解决自我贬低和缺乏无条件自我接纳的问题，你可以使用第24章介绍的任何或全部哲学理念，并且用一些羞愧攻击练习在情绪上积极主动地支持这些理念。我在我的著作《如何与愤怒共处，如何摆脱愤怒》中提出了这样的建议：“考虑你在公共场合能够做出的被你和其他大多数人视作蠢行的行为，然后故意去做这种‘可耻的’或‘尴尬的’事情。例如，在街上放开嗓门唱歌；或者像喜剧演员一样装作牵着一只狗或一只猫的样子走路；或者戴着发箍，发箍上插着一根巨大的黄色羽毛；或者拦住一位娇小的老妇人，问她是否愿意扶着你过马路。”

这些羞愧攻击练习是有用的！在纽约阿尔伯特·埃利斯研究所心理诊所，最能帮助人们实现无条件自我接纳的两种方法是：（1）在地铁或公共汽车上大喊停车；（2）在大街上或宾馆大厅里拦住一位陌生人，然后说："我刚从精神病院出来，现在是几月份？"试试这些方法。放下脸皮，努力实现无条件自我接纳吧！

使用有力的解决性陈述

我在第 24 章介绍了如何反驳非理性信念，获得理性的解决性陈述。这是一种很好的认识！你可以做出强大有力的情绪性陈述，使它们牢牢攫住你的心。因此，要想让它们深入到你的头脑中和内心里，你可以反复告诉自己：

- 我永远也不需要为了无条件接纳自己而做出良好表现，赢得他人的尊重。它们可以使我变得更加有效，但不会使我成为更好的人。
- 工作、学习和运动上的成功会为我带来喜悦，但不会带来个人价值。永远不会！
- 要想无条件接纳自己，我需要做的仅仅是选择、选择、选择这种方法！
- 钱可以让我表现得更好，生活得更好，但不会让我进入天国。
- 我很容易失败，但我永远无法成为一个完全的失败者！
- 生活本身是极其快乐、极其有价值的。
- 我总是可以原谅自己和其他容易犯错误的人。
- 没有什么事情是可怕的——仅仅是极不方便而已！

"危险的"角色扮演

你可以和朋友、亲戚或小组治疗成员进行角色扮演，接受"危险的”任务：例如，你可以进行“危险的”求职面试，申请进入一个优秀团队，或者申请进入研究生院。让角色扮演者在面试中刁难你，然后你尽最大努力通过面试，让其他人评价你的面试过程。然后，重新试验一次。如果你在这个过程中感到焦虑，你和你的面试官应当寻找导致你感到焦虑和不安的自我暗示——“应当”“理应”和“必须”。反驳这些暗示，让自己感到健康的担忧，而不是不健康的焦虑。在角色扮演中，努力对目标进行有效的追求，同时并不要求自己必须实现目标。

制作有力的反驳磁带

录制你的一些非理性信念，比如“我必须不断向其他人展示我的能力，向他们和我自己证明我是一个有价值的人”！在同一盒磁带上，以现实的、符合逻辑的、实用的方式反驳这种信念，尽可能做出有力的情绪性反驳。和挑剔的朋友一起听你的反驳磁带，让他们指出反驳的力度。重复这一过程，直到这种反驳真正具有说服力为止。不要放弃！

反驳你的理性信念

如果你在反驳关于有条件自尊的非理性信念时只能轻微而无力地说服自己，那么你可以掉过头来，反驳你的理性信念。试着使用温迪·德莱顿（德莱顿和尼南，2004）的方法反驳你的一些理性信念，直到你在情绪上坚定地说服自己相信这些信念的有效性为止。

积极强烈地反驳导致愤怒的信念

一些 REBT 治疗师在入选《从业者的 REBT 资源书》（伯纳德和

沃尔夫，2000）的文章中描述了如何拼命对抗那些诅咒他人的信念，最大限度地降低你的愤怒感。迈克尔·伯纳德、迈克尔·布罗德、保罗·霍克、杰夫·休斯、琼·米勒和雷伊·迪朱塞佩提出了下列相关建议：

- 不要因为他人让你生气而责备他们，这样做会让你变得更加愤怒。
- 欢迎他人回报你的支持，但不要对此抱有期待。
- 接纳他人巨大的缺点。
- 没有人能保证一定爱你。
- 你可以承受拒绝和回绝。
- 使我烦恼的人不是你，而是我。是我对你太认真了。
- 如果你抢走了我的某样东西，这并不可怕，只是不便而已。
- 你很容易使我失望，但只有我能决定是否为你的行为而哭泣。
- 我永远不需要你来满足我，尽管这很令人愉快。
- 让我失望的人表现糟糕，但他们永远不是糟糕的人！
- 对他人的愤怒常常使我无法得到我想要的东西。
- 我真的希望别人对我好一点，但这显然不是必需的。
- 我要求你对我好，但这实际上并不是一件值得优先考虑的事情！
- 为什么我要求人们必须守时？我是从哪儿得到这个奇怪想法的？
- 你的不良行为并不等同于你自己——永远如此！
- 我真的希望你表现得更好，但这并不是对你的命令。
- 如果你想绝对公平地对待我，那么你需要永远做到这一点。这需要极大的运气！
- 解决问题最大的障碍就是愤怒！

- 愤怒使我过度关注我所厌恶的人们的行为。这完全是在浪费精力！
- 愤怒是最能破坏人际关系的事情。
- 愤怒会抑制人们的情趣。
- 明天、下周甚至两年以后，这件事情还有那么重要吗？
- 为了摆脱愤怒，我应该对自己说什么？
- 坚持愤怒的好处是什么？放弃愤怒的好处呢？

第 26 章

用于获得无条件自我接纳的行为练习

让我再次重复一遍，以免我们忘记这件事："理性情绪行为疗法"在 1955 年最先提出，人的思想、感情和行为是紧密相连的，它们似乎总是存在一种明显的相互包含关系。为什么？因为这就是人类对重要刺激的正常反应：他们会思考、感受，然后主动做出应对。实际上，这种反应被人们强行分成了三个类别。

用于实现无条件自我接纳的认知性和情绪性方法存在相互重叠。例如，在"理性情绪行为疗法"著名的羞愧攻击练习中，你努力获得无条件自我接纳理念。你探索任何影响你取得这种奇特观念的非理性信念。你以现实的、符合逻辑的、实用的方式反驳这些非理性信念。你想出实现和维持无条件自我接纳的持续有力的理性解决性陈述。你以多种认知方式坚定地告诉自己无条件自我接纳适用于你的原因和方式。

在你坚持使用这些思考方法的同时，你持续而激动地将自己投入到有力的行动中。你打乱常规计划，以进行多种羞愧攻击练习；你生动而引人注目地做一些不同寻常的事情；你坚定地执行你对个人陈规陋习的攻击；你坚持进行勇敢而得体的羞愧攻击；你抑制一切逃避倾向，对抗你的借口和自我保护，以多种方式让自己经历艰难时刻。决不逃避！最好比事先计划表现得更加邪恶。放弃自己的颜面！

所以，你的羞愧攻击结合了思想、感情和行为上的努力，而且你几乎可以设计和实施其他任何事情。显然，它们具有行为性。为了提高积极主动性，你可以使用其他多种“理性情绪行为疗法”行为方法——如果愿意，你还可以借用其他治疗形式中的一些方法。下面是一些可能具有可行性的建议。

冒险方法

羞愧攻击本身是有风险的，因为你把你自己、你的自我变成了赌注，而且你可能失去社会地位。不过，你也可以承担其他风险，比如失去财产，失去工作，失去朋友，输掉比赛，失去其他各种事情或享乐。这种损失其实并不大。我想，你的目标并不是打败自己，因为你通常很喜欢取得胜利。不过，损失也是人生的一部分。如果你不断尝试，你就一定会经历损失。你无法赢得一切！

接纳你的身体感受

在《从业者的 REBT 资源书》（伯纳德和沃尔夫，2000）中，杰弗里·布兰斯玛介绍了一种理性自我接纳方法：裸体站在穿衣镜跟前，实实在在地从各个角度检查你的身体。你的主要关注点是冷静地接纳自己身体上所有“糟糕”或令人不快的特征，尤其是你最讨厌的特征。接着，你研究自己身体的哪些特征（比如肥胖）应当得到改变，然后制订一个实现这种改变的积极计划。最终，你会完全承认，你对身体的改变是有限的，你永远也不会喜欢其中的某些方面，但你仍然会完全接纳它们，而且你会以尽可能好的方式带着这些令人不快的身体特征生活。你的身体缺陷代表不了你！

降低你自己对表现焦虑的敏感性

当你不敢参与考试、面试、演讲、运动或几乎其他所有活动时，这通常意味着你担心自己会有糟糕的表现，尤其是在公共场合，而且意味着你不仅会贬低你的表现，而且会贬低你自己。又是这个该死的“自我贬低”！

行为疗法、理性情绪行为疗法和认知行为疗法等治疗方法给出了答案：冒险！做你害怕的事情，接纳失败的自己，不断前进。一定要勇于尝试。在冒险和失败的过程中，在让别人知道你的“无能”的过程中，利用这个机会大声提醒自己，你并不等同于你的表现，你的表现代表不了你。是的，你三振出局了，你漏了球，这是你的错误，是你的行为（或不作为）。不过，你有许多机会——如果你不自杀的话。所以，继续努力吧。

当你三振出局或漏球时，你的自我接纳来自你对自己说的话：“这次我失败了，而且我很可能还会出现更多次失败。这次捕球太糟糕了！我应该关注下一个球！不要在意！”你永远也不会是笨蛋——只是这次像个木头人一样。不，你连木头人也不是。你只是一个漏了球的人，一个有机会改善自己、对抗自身表现焦虑的人。好极了！

让你的愿望获得独特的力量

你决定为了自己的利益而行动，战胜自己的拘谨和优柔寡断。这件事决定起来很容易，实施起来就困难了（和戒烟一样，你可能已经决定了 100 次）。为了将你的“决定”转化成现实，你应该强迫自己经历下列获取意志力的步骤：（1）清晰明确地决定“我要想尽一切办法变得更加决绝，减少我的拘谨！”（2）激动地下决心坚持自己，尽管这样做很难。“这不是没有意义的！所以我将经常遭到拒绝。我要咬牙坚持！”（3）探索坚持自己的一些“最佳”途径。“我应该试着寻找我想要的东西，同时坚持为他们提供他们想要的东西。”“如果你尝试我所喜欢的电影，我会给你买饮料。”（4）不管怎样，为你的主张而行动，行动，行动！“好的，如果你真的不喜欢这部电影，我们试试那一部吧，或者另外一部。来吧，我们走！”（5）不断决定、确定和探索坚持自己的方式，然后努力，努力，再努力。即使累了，也不能休息！

对于所有这些方法，不要忘记你的利益。你并不只是追逐你所喜欢的（冒险），扬弃你所不喜欢的（限制你的生活）。你也在牢记你未来的欲望，尤其是自由的强烈欲望。完全接纳你自己，寻找一些之前你从不敢要求的事情。总之，做一个不会受到太多束缚的自己。

欢迎挑战、艰难的追求和挑剔的人

安全感很可能是人类的主要追求——坚持容易的、你能够赢得的、不需要你跳出原有生活轨迹去面对的目标、朋友、亲戚、运动和追逐。这是多么委屈又是多么无聊！你的工作和娱乐时间本来就是有限的，为什么要添加更多限制呢？

还是那句话，正视你的表现焦虑和不适焦虑，两者常常包含自我贬低。表现焦虑：“如果我在重要任务上表现不佳，我就是一个糟糕的人。”不适焦虑：“追求我想得到的目标太难了。我太无能了，无法实现这些目标。”

反击：“即使我的表现很差劲，我也是一个正常人。”“即使我的水平很低，我依然乐在其中。”“其他人可能认为我的表现很糟糕，但我不需要特别在意他们的批评。”“是的，我现在的表现很糟糕，但是勇于练习也是一件很难得的事情。”

如果你坚持追求这种困难的目标，你会经历更多失败，但你也为自己提供了解决潜在自我贬低问题的机会。如果你坚持与挑剔的人相处，你可以承受他们的批评，同时保留自己的意见；或者，你可能认为他们对你的抱怨在某种程度上是准确的，但在这种情况下，你的缺点仍然不能代表你作为一个人的价值。你越是认识到其他人批评的不是你本人，你就越是能够训练自己实现自我接纳。这种承受拒绝的自我训练可以使你变得更加坚强，能够承受生活中的打击。这件事的关键是一边承认你的错误和局限性，一边继续奋勇前进；事实上，许多不那么坚强的灵魂常常放弃后者。

使用激励

弗雷德·斯金纳和约瑟夫·沃尔普的强化技巧，可以用于你在自我接纳练习中使用的几乎所有行为方法。因此，如果你下决心做一些羞愧攻击家庭作业，但你实际上做不到这一点，而且你的羞愧感因此而变得更加强烈，那么你可以用轻松愉快的任务来激励自己，比如听音乐或者和朋友出去玩，条件是你必须首先完成你为自己布置的家庭作业。

不过，你仍然要记住，你最好设置两个目标：首先，进行羞愧攻击练习，并且使其变得更加容易（接近例行公事）；其次，从哲学角度认识到当你受到攻击时，这种练习是如何具体支持自我接纳的。如果你能强迫自己在严格而挑剔的人在场的情况下进行羞愧攻击练习，那就更好了！你同时攻击了你的羞愧感和他们的羞愧感！

使用支持性惩罚

弗雷德·斯金纳反对惩罚方法，认为当你为自己分配羞愧攻击和其他艰巨的家庭作业时，如果你没能完成这些任务，那么你不应该因此而惩罚自己。不过，根据我的个人观察，惩罚是帮助你做你不想做的事情，并且强烈鼓励你去做这些事情的一种非常实用的方法，有时甚至是唯一的方法。

例如，杰克很想告诉他最好的朋友瓦尔，通过在期末考试中作弊，他通过了一门难度很大的统计学课程——他尝试了几次，但是仍然开不了口。他想把作弊的事情告诉瓦尔，以便最大限度地降低自己的羞愧感，但他没能做到这一点，因此他感到了双重羞愧。他一直对此耿耿于怀。最终，他为自己定下了30天的目标，30天以后，每过一天，他就要烧掉一张50美元的钞票。结果，30天过去以后，他又烧掉了250美元，这才在痛苦中将自己的作弊行为告诉了瓦尔。他如释重负地向瓦尔表示，他欢迎瓦尔的责难。随后他发现，这件事并没有那么重要，即使他的作弊行为是不道德的，他也不是一个无可救药的人。在他拒绝进行羞愧攻击的那段时间里，他不仅认为自己不承认作弊的行为很糟糕，而且认为自己本身也很糟糕。

通常，当你没能完成为自己分配的家庭作业时，你很可能不需要惩罚自己，因为你的失败可以帮助你思考这件事的重要性。当杰克不断拒绝向朋友瓦尔透露自己作弊的消息，并因此看到自己对这件事的小题大做时，他意识到他通过这种拒绝将自己的全部价值放在了这件事上，而且他将继续沉浸在这种无休止的内疚中，除非他向朋友吐露实情。因此，他让自己相信这种“羞愧攻击”式的承认是至关重要的，并且（起初）非常不愿意去做这件事。在他吐露实情以后，他仍然认为这种欺骗是不道德的，但他至少可以忍受这个污点。

使用技能训练

“理性情绪行为疗法”特别重视家庭作业中的技能训练——这最

早始于我在 1943 年开始的性与爱治疗。不，比这个时间还要更早，因为在我去研究生院攻读临床心理学学位之前，我就以非正式方式对我的朋友使用了这种疗法。我从一开始就意识到，我的性无能当事人需要学习如何成为专家能手，然后练习，练习，再练习！

爱也是这样吗？是的。当我的第一任妻子卡瑞尔疯狂地爱着我，同时也爱着其他一些人时，我需要培养自己保持理智、不嫉妒别人。

所以，我尽自己最大的努力向我可怜而愚昧的当事人传授性、爱、沟通、坚持以及其他技能。反过来，我也从他们身上学到了许多东西。

不管怎么说，我在治疗中使用了相当多的技能训练，而且常常能够得到当事人热情的支持。作为一名性学家，我在许多当事人身上使用了这种方法，很少有人回避这一点。许多人接纳了我的纯粹暗示，将其变成了他们的个人能力。显然，你可以通过朋友、治疗师、书籍、磁带等途径学习社交和两性关系技巧。

要想将这些技能与无条件自我接纳联系在一起，你可以通过下列重要途径形成自己的技能训练方法。（1）无所畏惧地承认自己的无知。你不知道的事情可能会伤害你。（2）向你的同伴承认这一点，不要装出什么都懂的样子。如果你们同样无知，那就太好了！你们可以学习适用于你们每个人的方法。（3）了解同伴的性爱史，如果存在任何障碍，那就找出这些障碍。（4）探询很可能最适合他的方法并进行尝试。生活就是一场实验，性也是这样。看看什么有用，以及什么没有用。（5）不断尝试，不断实验。（6）通过书籍、磁带和性爱治疗师获得相关信息。（7）不断实验！（8）偶尔尝试新方法，如果原有方法仍然有效，那么一定要继续使用这些方法。

使用预防复发方法

在性和爱方面，不是每种方法都能永远适用于所有人。有时，你不再寻找新方法，专注于曾经有效的方法，因而出现了退步；有时，你对旧有方法产生了厌倦。如果是后一种情况，你应该重新开始！如果你只是厌倦了，那么就去尝试一些新鲜事物，你可以尝试一些花样。不过，和其他事情一样，这也是有优缺点的。还是那个问题：这种新颖的尝试是值得的吗？如果不试试，你怎么会知道答案呢？

不过，不要追求完美！你和你的同伴不需要成为令人羡慕的理想恋人。特别地，你不需要通过你在床上的"成功"证明你的"价值"，你只需要享受自己的快乐和同伴的快乐。这样就足够了！在爱和性上争夺荣誉，尤其是地位上的荣誉，是没有必要的，而且会让你背上沉重的包袱。

回到预防复发的话题——这种方法通常涉及低挫折容忍度。在"理性情绪行为疗法"和"行为疗法"中，你会经常通过下列方法应对自己的低挫折容忍度。

1. 承认你的退步，并且接纳退步的自己（这一点是最重要的）。是的，你可能拒绝不断激励自己，因此出现了倒退。这很糟糕，但不是特别糟糕。你是一个退步的人，不是一个懒惰的人。
2. 充分接纳出现倒退的你自己和你的存在。
3. 寻找那种导致你退步的非理性信念。"该死！看起来，我需要同自己对于认可的需要永远抗争下去，这太难了，尤其是因为我真的需要它！"
4. 积极持续地反驳你的非理性信念。"为什么我的价值必须得到认可？这件事的必要性在哪里？为什么别人的认可会让我成为一个好人？如果我相信我需要认可，我会得到什么结果？它对我获得别人的爱和认可有什么帮助？"
5. 考虑你可以努力争取的其他快乐，从容地追求这些快乐。这个世界有许许多多的可能性，去探索，去尝试吧！

幽默的使用

在影响和反驳有条件自尊并在很大程度上将其替换成无条件自我接纳的众多认知性、情绪性和行为性方法中，“理性情绪行为疗法”尤其重视对幽默的使用。这是因为，当人们失去幽默感、变得过于严肃时，他们不仅害了自己，也害了其他人。因此，“理性情绪行为疗法”督促人们经常放松心情，可以严肃看待问题，但是不能过于严肃。这种疗法尤其重视理性而幽默的歌曲，这一传统始于 1976 年，当时我在华盛顿特区美国心理学会年度大会上首次使用了这种方法。从那以后，我们鼓励在个体治疗、小组治疗以及各种 REBT 讲习班和强化班中使用这类歌曲。

下面是一些理性而幽默的歌曲，你可以用这类歌曲来解决自己过度严肃的问题，使自己更多地追求无条件自我接纳，而不是有条件自尊。

完美理性

（曲调：路易吉・旦扎的《缆车之歌》）

有人认为世界一定有一个正确的方向——
英雄所见略同！——英雄所见略同！
有人认为他们无法忍受
一丁点儿的不完美——英雄所见略同！
对我来说，我要证明我是超人，
远远胜过凡夫俗子！
我要证明我拥有神奇的洞见——
永远与伟人相提并论！
完美，完美的理性
那当然是我的唯一标志！
既然如此自由

我又怎能犯错误？
理性必须是我的完美特点！

爱，哦，爱我，只爱我！

（曲调：乔治M.科汉的《胜利之歌》）

爱，哦，爱我，只爱我；没有你，我会死去！
哦，请你做出爱我的保证，让我永远不会怀疑你！
爱我，完全地爱我——一定，一定要努力，亲爱的。
如果你想得到我的爱，我会恨你一辈子，亲爱的！

爱，哦，爱我，只爱我，彻底而完全地爱我！
如果你另有牵挂，我的生活将成为一团烂泥。
请用巨大的温柔爱我，没有“如果”和“但是”，亲爱的。
如果你的爱情之火稍有减弱，我将对你恨之入骨，亲爱的！

你爱我，我也爱我

（曲调：文森特·尤曼斯的《鸳鸯茶》）

将你画在我的膝盖上
你爱我，我也爱我！
然后你就会看到
我有多么快乐！
虽然你乞求我
但你永远无法接近我——
因为我独来独往
就像真正的隐士！
没有重要的事情
请不要跟我联系，亲爱的！

如果你胆敢关心我
你会看到我的关心迅速消失，
因为我不会与人公平分享，无法与人相处！
如果你想成立家庭
那么我们的目标是一致的：我是你的婴儿——
然后你就会看到我有多么快乐！

荣耀，荣耀哈利路亚！

（曲调：朱莉娅·沃德·豪的《共和国战歌》）

我曾看到炽热的关系所带来的光芒
然后蹒跚在路边，看着浓烈的恋情来来往往！
哦，我曾听到伟大的浪漫故事
没有一丝平淡——
但是我感到怀疑！
荣耀，荣耀哈利路亚！
人们爱你，然后害你！
如果你能让他们有所收敛
不要相信他们不会卷土重来！
荣耀，荣耀哈利路亚！
人们赞美你，然后藐视你！
如果你能让他们有所克制
不要相信他们不会故伎重演！

真希望我不那么疯狂！

（曲调：丹·埃米特的《迪克西》）

我希望我生长得——
像漆皮一样光滑而细腻！

哦，拥有平静的内心是多么美好！
但我想，我注定会成为
一个不正常的人——
哦，像我的妈妈和爸爸那样疯狂，真是令人悲伤！

哦，我希望我不那么疯狂！万岁！万岁！
我希望我的心智不那么偏执
我的精神不那么晦暗！
你知道，我可以做到不那么疯狂——
但是，唉，谁让我这么懒惰呢！

The Myth of
Self-Esteem

第 27 章

归纳与总结

我想，我已经充分讨论了有条件自尊及其危害，讨论了无条件自我接纳及其不同寻常的优点，讨论了你在两者之间的选择。不过，如果我不再一次强调理性情绪行为疗法的“三位一体”性，一些非常重要的观点可能会被遗漏。

海德格尔、萨特和其他存在主义者以精辟的论述告诉我们，我们人类整体上具有一个三位一体的特点：（1）我们每个人都是活生生的、独特的人——在一段时间里是这样，在人们的记忆里也是这样；（2）在相互交流的社会环境下，我们拥有与他人相关的存在性；（3）我们存在于一个由有生命物质和无生命物质组成的世界之中，在这个世界里，我们不断与外部事物融合和相互作用。我们同时影响着我们自己、其他人以及这个世界——三者密不可分！

有时，我们强烈希望强调我们的个性、我们的社会性以及我们的世俗性，忘记了它们的相互作用。在本书中，我特别强调了我们成为“独特”自我的勇气，以及我们归属于社会和世界的勇气。我说，如果我们不把这三种勇气融合在一起，我们的个性就可能出现分裂。前方的道路是异常艰险的！

回到基本问题上来。正像你能够成为你自己那样，你最好试验性地看看这种融合是什么样的，会得到什么结果。幸运的是，你总是可以对你复杂的自我进行修改。那就试试吧！

当你努力——是的，努力——成为一个不断变化的人时，永远不要忘记你的邻居。他们也有存在的权利，以及在某种程度上做自己的权利。你不仅无条件接纳自己，而且无条件接纳他们。我希望如此，而且希望这两种接纳是相互融合的。

同时，不管你是否喜欢，你都生活在一个错综复杂的世界里。如果你愿意，你可以优雅地忍受那些你不喜欢的事情，同时享受那些你喜欢的事情。这样一来，你就实现了无条件接纳人生。

你有三种选择：无条件自我接纳、无条件接纳他人和无条件接纳人生。别太吝啬，将它们全部收入囊中！

到目前为止，本书已经详细讨论了有条件自尊和无条件自我接纳的一些要点；指出了“理性情绪行为疗法”和其他一些著名哲学家是如何支持无条件自我接纳、反对有条件自尊的（至少偶尔如此）。本书还努力澄清了无条件自我接纳的内涵和优势，以及如何使用理性情绪行为疗法和其他形式的认知行为疗法经常用到的重要的认知性、情绪性和行为性心理治疗方法，实现无条件自我接纳。我希望我在这些方面能够说服你，希望你在阅读这些材料时能够有所收获！

到目前为止，一个重要的问题仍然没有得到充分解答。我一直在介绍的“理性情绪行为疗法”与其他大多数疗法的区别在于，这种疗法对于你在生活中无法得到你想得到的事情并且得到你不想得到的事情时，产生的沮丧、关切、悲伤、懊悔和失望这些健康的负面感情，与你的焦虑、抑郁和愤怒这些不健康的负面感情做出了明确区分。这种疗法还对你的健康行为——比如持续的自我约束，与你表现不正常（比如拖延和进食过多）和不健康地沉溺于自我伤害时的行为做出了明确区分。

问题仍然存在：即使是健康的负面感情，尤其是对于逆境的悲伤和沮丧，也是负面而毫无乐趣的。如果你为亲人或朋友的过世感到健康的悲伤，这比自我消沉要好得多。不过，你的悲伤既不是令人愉快的，也不能让你感觉“良好”。那么，如何缓解这种健康的感情？如何在这种情况下感到快乐呢？

对此，我通常给出的答案是：你最好不要消除自己悲伤的感情。因为，如果你没有对生活中的不幸遭遇感到一定程度的悲伤和懊悔，你就不会努力阻止这些事情的发生（比如帮助你的朋友或亲人活下来），不会寻找新的朋友，不会费心去找替代性的满足感。所以，当你被剥夺某件事情时，健康的负面感情可以帮助你在未来获得良好的结果。因此，你最好学会和这种感情共处，而不是消除这种感情。

所以，当你遭受重大损失，或者没能取得预想的目标时，你完全有理由让自己感到健康的悲伤，而不是不健康的抑郁、焦虑和愤怒。不过，我现在发现，同悲伤和懊悔这些健康的感情相比，对自己、他人和世界的无条件接纳常常可以让你得到更好的结果。最近，当我再次论证“普遍的人类苦难”这一概念时，我才意识到这一点。

我意识到，几乎所有人都会经常感到痛苦，这是一个无可争辩的事实——是的，包括我们追求快乐的时候。如果我们享受婚姻和家庭生活，我们也会发现其中的许多限制（比如忍受我们的一些姻亲）和麻烦（比如教导我们的孩子）；如果我们真的很喜欢自己的工作，我们也会经常遇到难以相处的老板、上司和同事；如果我们喜欢运动，我们也会经常遇到一些令人讨厌的队友、裁判以及抵达比赛场地所经历的困难；如果我们热衷于观看戏剧表演，我们需要忍受无聊的剧本、差劲的导演、糟糕的表演和昂贵的门票。不管做什么，我们都不会遇到十全十美的情况！痛苦无处不在！

如果我们最喜欢做的事情也伴随着大量的麻烦、代价、厌倦和沮丧，我们又怎么能避免健康的负面感情和困难呢？不可能！正常的生活中既有快乐、高兴、热情，也有痛苦。

不过，对于我们健康和不健康的负面感情和行为，的确有一个非常好的解决方案——尽管它并不完美，那就是本书所支持的这种我们可以采取的选项——无条件接纳。

假设你坚持采纳和实践这个选项。你在很大程度上接纳具有缺点和错误的自己；你也接纳愚蠢而不公的他人；你明确接纳你所生活的这个世界的状态，包括它的低效、不公以及其他无数问题。这样一来，会发生什么呢？

我的理论认为，在这种情况下，很可能会出现下面几个结果，尽管我目前还不能明确证明这一点：（1）你将毫无怨恨地、和平地接纳自己、他人和世界；（2）你将拥有深厚的接纳哲学和习惯；（3）你不会纵容自己、他人或集体的破坏性思想、感情和行为，即使你完全认可他们经常犯下的罪恶；（4）你可能会选择积极对抗或违背这些罪恶；（5）你将最大限度地降低甚至消除你的严重焦虑、抑郁和愤怒所隐含的那些理念，比如"要想成为一个有价值的人，我必须表现良好，并且得到意中人的爱。"

另一方面，你的不接纳态度将使事情变得极度糟糕，使问题变得更加严重，甚至酿成灾难，你将对自己、他人以及这个世界产生极大的愤怒。这种愤怒不仅为你带来情绪困扰，而且常常使你自己、他人以及这个世界的行为变得比之前更加糟糕。愤怒将会导致争吵、打斗、报复、积怨、恐怖主义、战争和大屠杀。这可不太好！它也会影响快乐、满足感、建设性、创造性和进步。真糟糕！你对他人的愤怒和对抗几乎总是导致对方的愤怒、反击和报复。有古谚云：因爱生爱，因恨生恨。即使是最"正确"的愤怒，通常也会导致一些可怕的后果。

也许我是在过度一概而论，但你的愤怒和攻击性可能是你大部分严重焦虑、抑郁、无价值感和绝望感的根源。因此，当你对你的错误和不道德行为感到愤怒时，你的愤怒可能会帮助你改进和纠正这些问题。“我讨厌自己的愚蠢”这种想法可能会帮助你自省并做出改正。不过，当你因为表现愚蠢而憎恨自己时，你往往会这样想：“我是一个没有价值、毫无希望的傻瓜！”其结果是，你会责备自己，不会做出适当的改正，反而会变得更加愚蠢。

社会偏见、偏执和仇恨也是类似的。当你憎恨别人的思想、感情和行为时，你有一种教育他们改变这种做法的冲动。你试图向他们证明更好的标准、习惯和行为，甚至将其当作一个事业并为之奋斗。不过，当你憎恨人们的“不端行为”时，你往往会看到他们的憎恨、抵制甚至有意的报复性“明知故犯”。你坚持让别人“改善”他们的做法，但是他们往往会表现得“更加糟糕”。是不是很奇怪？是的，但这往往是事实。

最后，当你憎恨你所在的集体以及这个世界的困难、问题和低效时，你可能产生改变和改善你所在集体以及这个世界的冲动，你可能仍然会以建设性的方式对其进行声讨。不过，当你对这个“糟糕”而“讨厌”的世界本身发火时，你可能会变得灰心、失望、失去目的、极度抑郁。由于这些强烈的感情，你甚至可能让自己变得激进、叛逆而极具破坏性，甚至产生杀气。自杀式恐怖主义者就是一个很好的例子，尽管这个例子很极端。

敌意、仇恨、冲突和战争都是如此，这不仅是它们本身的问题，也与它们同严重焦虑和抑郁的共同联系有关。这些令人不安的感情不一定同时出现，但它们经常同时出现。正像我刚刚说过的那样，仇恨正好是接纳的反面。如果你持续而强烈地努力无条件接纳你自己（包括你的失败），无条件接纳他人（包括他们的“错误”），无条件接纳世界（包括世上的不幸），那么你很难形成尤其是维持你的敌意和愤怒。你仍然会对你自己、他人以及这个世界的行为感到非常沮丧和失望——我几乎可以保证这一点。不过，你不会感到愤怒，不会做出过激行为。

然后呢？然后，回到你在人生中可以选择的良好选项上，甚至是伟大的选项上。通过诅咒自己、他人和世界使自己心烦意乱的做法在某种程度上是一种生理上的先天倾向，因为几乎所有人都会经常这样做。不过，正如我在本书中一直强调的那样，这种做法也是你自己选择的。憎恨并不是你不得不做的事情，你可以决定拒绝这样做。通过艰苦而持续的认知性、情绪性和行为性努力和练习，你可以无条件接纳自己、他人和人生。

在我看来，你可以实现无条件接纳自己、他人和人生，这是一件非常值得的事情。也许我的想法是错误的，但我还要再次强调，这种做法可以使你不再对任何人发怒，尤其是不再对你自己发怒。而且，你可以更好地参与到其他许多快乐的活动中。

这是因为，虽然你具有很大的痛苦倾向，但你也有制造快乐的独特倾向，没有这种倾向的人是很少的。你可以享受许多身体上的快乐（味道、气味、画面、声音、触觉、动觉反应）——这些快乐往往极为强烈。这些快乐，连同你的思想、感情和活动，可以让你对美术、音乐、舞蹈、戏剧、建筑、科学、哲学、运动和其他许多追求产生适度或极大的兴趣。世界如此精彩！

一旦你做到了无条件接纳，一旦你对自己、他人和世界的无条件接纳得到了一定的巩固，一旦你的愤怒、抑郁和严重焦虑得到很大程度的减轻，你就可以自由地实施“理性情绪行为疗法”的建议了（埃利斯，2001a，2001b；埃利斯和贝克，1983）。这意味着你要尝试寻找自己真正喜欢什么，更喜欢什么，最喜欢什么。你可以选择许许多多的奇遇，但你很可能只有一个相对较短的生命去享受。通过实验，找到真正让你快乐的事情，以及让你不快乐的事情。带着包容的心态向他人学习，同时也要亲自去寻找，不要陷入自我诅咒之中。

这正是接纳的真正优点之一。它本身不能保证快乐，在某种程度上还会使你为你不能改变的不幸而感到悲伤。注意，是悲伤，不是愤怒和恐惧。随后，这种不会让你感到痛苦的健康的悲伤会让你自由地过上自我实现的生活，在有限的、不完美的生命中去挑战和尝试尽可能多的快乐。

还是那句话，人生中既有不可避免的痛苦和失望，也有快乐和令人满意的地方。应该用现实而成熟的思想、感情和行为去对待它，去享受你能够享受的事情；擦干眼泪，毫无怨恨地接纳（不是喜欢）你无法改变的事情；明智地去了解（和接纳）差异。这样，你就可以敞开心扉，享受许许多多的快乐。接纳无法避免的痛苦并不让人愉快，但它可以让你获得自我实现和成就。只要你选择！

附录 A

理性情绪行为疗法入门

理性情绪行为疗法（REBT）是首个现代认知行为疗法（CBT），是我在 1953 ~ 1955 年设计出来的，当时我刚刚放弃了自己始于 1947 年的心理分析实践。我总是对西格蒙德·弗洛伊德关于心理分析的经典理论和实践感到怀疑，并且在 1950 年发表了一篇专题论文《心理分析的科学原则介绍》。

因此，我是一个新弗洛伊德主义者，更是一个新阿德勒主义者，我遵守凯伦·霍尼、埃里希·弗罗姆和其他分析修正主义者的做法。我还使用了我的培训分析师理查德·霍克的人文主义存在主义教导。1953 年，我决定不再自称分析师，而是变得比之前更加注重积极引导和行为性。所以，我回顾了当时正在被人实践的 200 多个心理治疗体系，在 1955 年发表一篇专题论文《心理治疗方法的新途径》，并且重读了许多古代和现代哲学家的作品，然后创立了“理性情绪行为疗法”。我对哲学的依赖始于 1928 年，当时我 15 岁，即将进入大学。我出现了一些个人情绪问题，而且基本上伴随着表现焦虑。我想，我也许可以在古代和现代哲学家更加理性的思想之中找到问题的答案。

在20岁之前，我如饥似渴地阅读了亚洲、希腊和罗马哲学家的作品，尤其是孔子、老子、释迦牟尼、苏格拉底、伊壁鸠鲁、爱比克泰德和马可·奥勒留的作品，并且开始制定我自己的理性原则。遗憾的是，我的心理分析培训和实践让我走了一段弯路。因此，当我在很大程度上放弃了心理分析，转向更具认知性和行为性的方法时，我重读了大量哲学，提出了将行为主义与哲学结合在一起的理性情绪行为疗法。

20世纪60年代中期，阿伦·贝克、威廉·格拉瑟、唐纳德·梅琴鲍姆、阿尔伯特·班杜拉等人开始跟随我的脚步，在作品中提出认知行为疗法，这种疗法在很大程度上由认知信息处理和实践性的家庭作业分配构成；理性情绪行为疗法也包含这些方法，但它总是具有高度哲学性。而且，理性情绪行为疗法总是包含极为有力的情绪性方法，因为我在1956年关于这种疗法的第一篇重要论文中强调了这一观点：思考包括情绪和行为，情绪包括思考和行为，行为包括思考和感情。我们经常错误地将它们看作不相干的过程，实际上它们是一个相互融合的整体，它们相互之间存在强烈的影响。如果人们想要将不正常的情绪活动降至最低水平，更加快乐地生活，那么三者都需要得到改变。最近，认知行为疗法开始采用“思考－感受－行动”方法，而理性情绪行为疗法几十年来一直是这样做的。

我在“理性情绪行为疗法”中对思考、感觉和行为的强调很可能受到了我所阅读的东方哲学的强烈影响。东方哲学首次提出了“开悟”的概念，即对于你自己以及你自己异常表现的冷静进行有意识地思考。同时，这种哲学鼓励你充满激情地、强烈而坚定地致力于改变你自己，它为你提供了唤起性－实验性练习，以帮助你做到这一点。这种哲学还建议你跟随、依附和相信一位领袖或导师。最后，这种哲学坚定地督促你反抗自己的被动倾向，从而进行严格的训练和再训练，去行动而不是去受苦。因此，它具有反习惯性和高度行为性。

所以，这种哲学积极主动地使用你的所有三种健康的生理功能——认知、情绪和行为。即使当这种哲学使用不活跃的方法时，比如沉静的冥想，它也在推荐专注冥想等活跃的元素。当你冥想时，你积极地关注你自己，你经常进入一种高度情绪化的状态。当然，理性情绪行为疗法和东方哲学都在强调感受：为了改变“现实”，你必须去感受它。

20 世纪 80 年代，一位东方哲人开始与心理学、生理学和社会学科学家合作，以检验甚至验证东方哲学的一些主要观点。他与精神病学家霍华德·卡特勒、心理学家丹尼尔·戈尔曼和其他许多科学家进行了密切接触，以便将东方哲学与西方科学结合在一起。

类似地，精神病学家罗恩·莱费尔、物理学家乔恩·卡巴特 – 津恩以及其他一些西方科学家一生都在进行专注冥想练习，他们跟随著名的冥想大师学习，并将东方哲学融入西方心理疗法和科学中。这很好，但也存在人类的偏见问题。当某一门哲学的追随者进入另一个体系时，比如成长于犹太人家庭的保罗进入基督教体系，他们几乎不可避免地过度偏向于新的体系，无法在狂热中看到其缺点。因此，我们应当带着怀疑的态度看待东方哲人对诗意浪漫的原则和做法的强烈支持。

我个人对东方哲学的支持没有太大偏见，至少我希望如此。我只是偶尔做一些缺乏内观性和专注性的放松式冥想，而且长期以来，我对于心理分析、纯粹行为疗法（B.F. 斯金纳和约瑟夫·沃尔普）、格式塔疗法（弗里茨·波尔斯）、罗杰斯心理疗法、极端的后现代疗法甚至激进的建构主义疗法持怀疑态度。我使用了所有这些体系中的元素，但我并没有坚定地遵循其中的任何一种体系。我想我生来就具有怀疑和宽容的心态。我甚至希望自己不是“理性情绪行为疗法”的盲目信徒，因为我认为它并不能治愈所有人，而且具有明显的局限性。

我已经在 50 多本书和大约 500 篇文章里介绍了“理性情绪行为

疗法”，连我自己都觉得有点倒胃口了。所以，下面我只是简单地介绍一下这种疗法的要点。如果愿意，你可以在《战胜破坏性信念、感情和行为》《感觉更好，变得更好，保持更好》以及《通往宽容之路》中找到更多的详细信息。假如你没有读过这些书籍，你可以在下面看到高度简化版本的“理性情绪行为疗法”介绍。

蛮横的“应当”和“必须”

关于“人的内心波动和不正常情绪主要是如何形成的”这个问题，我将爱比克泰德的斯多葛哲学与凯伦·霍尼的理想化形象观念结合在一起，得到了一个基本思想。爱比克泰德曾经是一个罗马人的希腊奴隶，后来在公元一世纪被释放，在罗马建立了斯多葛学派。他说过许多睿智的名言，但我对他下面这句话尤其印象深刻：“使我们受到情绪困扰的永远不是世界上发生的事件，而是我们对这些事件的看法。”因此，我在 1947 ~ 1953 年进行心理分析实践的过程中从未强调过弗洛伊德的下面这个理念：你的焦虑、抑郁和愤怒来自幼儿时期的事件和经历。爱比克泰德坚持认为，你的情绪困扰来自你对这些（以及随后的）事情的看法，作为成人，你可以改变这种看法。因此，爱比克泰德是最早的建构主义者之一。

1950 年，我读到了凯伦·霍尼的观点，他认为，我们大多数人为自己创造了一个理想化形象或画面，并用“蛮横的‘应当’”折磨自己。“太对了！”我对自己说。于是，我更加不相信弗洛伊德以及 J.B. 沃森和 B.F. 斯金纳的条件理论。我发现，霍尼和爱比克泰德的观点是相同的——我们人类在很大程度上建构了自己的神经症状，我们可以自己解构和重构自己的思想。怎样做到这一点呢？答案是：以现实而符合逻辑的方式重新思考我们关于自身神经症状来源的观念，坚决地、充满激情地改变这种观念，持续有力地反抗这种症状。

就这样，我为理性情绪行为疗法建立了最初的基础。于是，我开始向我的当事人传授这种关于心理健康的REBT观念，同时通过越来越不具有心理分析特点的方式解释他们受到情绪困扰的原因，以及如何利用这种知识成功使自己保持平静。1943 ~ 1947年，我曾做过积极引导式折中主义治疗师，因此我将之前的一些折中主义技巧加入到了这种自由的——非常自由的！——心理分析解释中。

最后，到了1953年年末，我意识到，世界上的一切话语都无法帮助我的当事人解决严重的人格障碍，除非他们亲自下决心采取某种行动，比如体内脱敏，对抗自己的习惯性思想、感情和行为。因此，我停止了心理分析实践，开始提出一套将思想、感情和行为结合在一起的方法，这就是后来的“理性情绪行为疗法”。

欲望和“愚蠢的必须”之间存在天壤之别

当我发现绝对的“应当”和“必须”蛮横无比，几乎总是导致我的当事人形成自我毁灭行为时，我也认识到，他们的强烈欲望是无法消除的，因为人们的生存和自我实现需要依靠他们对食物、服装、居所、爱、性和其他目标的欲望（常常是强烈的欲望），因此，如果他们缺少或没有欲望，他们很难生存并获得快乐。于是，我得到了一个REBT命题：健康的欲望和偏好是有用的，但破坏性的欲望和沉溺很容易导致麻烦。健康的欲望包括“我非常想要性爱之类的事情，也许这是我的强烈欲望；如果没有这些事情，我会感到沮丧和烦恼，但我不会因此而死去。”所以，我认为得不到满足的欲望通常会使你产生沮丧和遗憾等健康的感情，但是不会使你产生焦虑、抑郁和愤怒这种具有破坏性的不健康的感情。“因为我想要性爱，所以我必须得到它们”，这是一种常常导致焦虑、抑郁和愤怒的信念。

极端的健康欲望，比如你想让某人永远只爱你一个人，仍然是危险的，因为它们很容易失败，得不到满足，从而给你带来巨大的悲伤和懊悔。因此，一些人认为强烈的欲望是愚蠢的，理性情绪行为疗法则认为这种欲望存在危险性，但如果你愿意承受这种危险，这种欲望仍然是可以接受的。不过，极端的要求，比如“我需要你对我的爱超过世界上任何人曾经接受过的爱”，过于危险，可能使你感到抑郁。

极端的欲望和要求之间很难划出一条界线。不过，你通常可以感受到后者的执迷性和强制性，从而做出判断。例如，如果你已经拥有了100万美元，但还是不断地赚钱并乐在其中，我们可以认为你有一个健康而强烈的欲望。不过，如果你已经有了100万美元，但你仍然和其他人锱铢必较，除了积累钱财，对生活中的其他事情都不感兴趣，那么我们可以认为你已经陷入了极为强烈的贪婪之中。你的欲望疯狂而执迷，而且你很可能已经将你的欲望转变成了需要和坚持。理性情绪行为疗法认为不执迷的欲望是健康的，即使这种欲望非常强烈。实际上，如果你强烈希望撰写一部伟大的美国小说，或者帮助穷人，或者成为网球冠军，只要你不沉溺于其中，那么这种愿望可能让你形成一个重要的兴趣，为你带来很多健康的享受，即使你无法做到最好，你也几乎不会感到焦虑和抑郁。

因此，理性情绪行为疗法鼓励你的欲望，而不是夸张且极端的需要。和伊壁鸠鲁一样，这种疗法支持幸福和快乐，也支持实现未来目标通常所需的长期快乐主义和纪律。适度饮食可能会使你的生活更加有滋味，长期暴饮暴食和酗酒往往会伤害你。

“判断你的行为”与“评价你自己”之间的深刻区别

理性情绪行为疗法从一开始就支持理性判断，并且完全反对非理性的整体评价。为什么呢？因为在我 20 岁从大学毕业之前，我从伯特兰·罗素和吉尔伯特·赖尔等一些哲学家那里学到了不犯分类错误这个道理。我在社交活动上的糟糕表现并不能使我成为一个糟糕的人；我在工作上的失败也不会将我变成一个完全的失败者。在我二十几岁的时候，通过阅读斯图尔特·蔡斯的《语言的暴政》以及阿尔弗雷德·科日布斯基的《科学和健全精神》，我的这种观念得到了加强。而且，我在 12 岁那年获得的无信仰观念使我相信，人类的灵魂并不存在，无法被神化和诅咒。

不过很明显，一旦你为你的思想、感情和行为设置评价目标或目的，你就可以对其进行评估。例如，如果你的目标是过上舒适的生活，根据这个目标，你最好将高效的工作评价为“良好”；如果你的目标是与其他人友好相处，那么你最好向他们表现出一定的善意。所以，你将你的高效和善良评价为“良好”的特点，将你的懒惰和卑鄙评价为“糟糕”的特点。这种评价可以帮助你实现目标。

不过，我从小就发现，我会根据自己在学习、运动以及社交生活上的表现来评价我自己、我和存在以及我的整体。哪个孩子不是这样呢？所以，我不仅希望在这些方面表现良好，而且认为我需要这样做。结果，当我表现“糟糕”时，我常常会焦虑，有时还会感到抑郁。谁不是这样呢？尤其是当你对自己说“我要永远表现良好”时。作为一个焦虑的孩子，我经常对自己这样说。所以，为了让自己不那么焦虑，我有时对自己说：“这次我没能做好，但也许下次我能够做好。”

后来，我几乎摆脱了这种焦虑。不过，在我 24 岁那年，我疯狂地爱上了 19 岁的卡瑞尔。卡瑞尔是个非常优秀的女孩，但她对我的感情飘忽不定，所以我常常对她的反复无常感到恐慌和抑郁。不过，在一个重要的午夜，当我在布朗克斯植物园思考卡瑞尔变化无常的感情时，我突然意识到，我不仅强烈地想要得到她的爱，我还觉得我完全需要她。多么愚蠢！我显然并不需要我所想要的事情。没有她，我也可以活下来，甚至完全可能活得很快乐。我可以，我可以！

这个聪明的想法极大地改变了我的生活。当我将其详细展开时，当我 15 年后成为一名执业治疗师时，这个想法发展成了“理性情绪行为疗法”的一个基本原则：我和其他人实际上并不知道我们想要什么，我们只是愚蠢地认为和感觉我们知道！还是那句话，这是多么愚蠢！多么不切实际！

理性情绪行为疗法从一开始就提出了下面这些相互关联的命题：（1）人们几乎总是拥有维持生命和获得某种快乐的目标。（2）因此，他们拥有几个愿望，希望在重要关头表现良好，希望与他人建立关系，希望通过行动帮助自己实现目标。（3）当他们（充满激情地）强烈希望得到或避免某件事情时，他们常常将这种愿望提升到一定的高度，认为它是一种必须实现的事情。（4）在相信他们需要自己想要的事情（并且必须回避自己不想要的事情）时，人们常常（错误地）告诉自己：“我就是我的思想、感情和行为。如果我的表现令人满意，我就是一个优秀的人；如果我表现很差，我就是一个糟糕的人。”（5）除了对自己做出“好”或“坏”的整体评价，他们还经常将其他人的行为评价为“好”或“坏”，并将其他人评价为“伟大”或“可恶”。（6）他们还将世界上的事情评价为“好”或“坏”，并将整个世界或整个人生评价为“好”或“坏”。

理性情绪行为疗法认为，通过以这些不正确的方式思考、感觉和行动，人们常常会健康地完成他们的主要目标和目的，但他们也会不健康地毁掉同样的目标和目的，毫无必要地制造出情绪行为问题，尤其是严重焦虑、抑郁和愤怒。

只要他们拥有评价个人表现和评价自己的内在趋势（每个人似乎都在某种程度上拥有这种趋势），他们就会拥有这种内在焦虑。这种焦虑有时叫作存在焦虑，因为为了生存，为了持续地生存，他们理智地对自己的行为进行评价，同时不正确地对做出这些行为的自己进行评价。

人们做出建设性和破坏性行为的趋势

理性情绪行为疗法认为，人们可以在一定程度上选择他们的生活方式（所谓的自由意志或自我决定），这既是先天因素，也是社会教育的结果。他们的建设性很少是完整的，因为他们的生理趋势决定了他们的局限性。因此，他们具有有限的寿命，以及来自遗传的疼痛、疾病和缺陷。他们还生活在家庭、群体、社区和国家里，这些组织对他们造成了约束，而且教导他们应该约束自己。不过，他们拥有一定的选择权或决策权，可以决定自己做什么，不做什么，凭借一定程度的努力，他们可以极大地改变自己。一旦他们以某种方式行动，他们往往会习惯性地将这种行为保持下去。不过，他们也可以消除自己的习惯，使自己很容易以其他方式行动。他们几乎总是不断地改变，并且产生某种改变的习惯。所以，还是那句话，他们的“自由意志”远远谈不上完整！

由于人们的建设性，他们可以激励和强迫自己做出改变，在这一点上，他们要强于动物。由于他们拥有高度发达的语言系统，他们可以思考，对自己的思考进行思考，并对自己对思考的思考进行思考。他们的思考、感觉和行动看上去经常是分离或不相干的，但三者实际上相互之间具有重要的影响，而且它们很少能够单独存在。当人们思考时，他们也会感觉和行动。当他们去感受时，他们也会思考和行动。当他们行动时，他们也会感觉和思考。因此，他们有能力使自己以不同的方式思考、感觉和行动。

因此，理性情绪行为疗法向人们传授许多思考、感觉和行动技巧，以研究他们不正常的行为并努力改变这种行为。这些方法具有多种模式。该疗法还认为，要想改变破坏性倾向和行为，并将这种理想的改变维持下来，需要持续的努力和实践。这种疗法强调洞察、推理和逻辑，同时认为这些“理性”元素本身是不够的，必须辅之以强烈的情绪和行动。

理性情绪行为疗法具有很高的教育性，相信对其理论和实践的直接说教式教学常常可以达到目的。因此，这种疗法与当事人进行对话和辩论，反驳非理性信念。这种疗法还会使用其他教育途径，比如文章、书籍、讲座、讲习班、录音带和录像带。不过，这种疗法认识到，间接的教育方法最适合许多人在一起的情况，因此使用了苏格拉底式对话、故事、寓言、戏剧、诗歌、比喻以及其他交流形式。这种疗法承认，所有人都是个体，可能具有多种最适合自己的学习模式。

理性情绪行为疗法的多模式特点

如上所述，理性情绪行为疗法从认知、情绪和行为角度关心当事人（以及其他人）的情绪和实践问题。因此，这种疗法在教学上具有很强的多模式特点，这也正是阿诺德·拉扎勒斯所推荐的有效疗法的特点。这种疗法发明了许多智力、情感和行为方法并且经常使用这些方法，同时它也使用和借鉴了来自其他疗法的许多方法，比如罗杰斯疗法、存在主义疗法、交流分析疗法、心理分析疗法以及格式塔疗法。因此，这种做法将其中的一些疗法与理性情绪行为疗法结合在了一起。

理性情绪行为疗法的最简形式是其 ABCDE 程序。每当人们遇到不幸事件或逆境（A），在 C（后果）产生不正常的感觉和行为时，这种疗法就会告诉他们，A 对 C 具有重大贡献，但它并不会直接导致 C。相反，人们的情绪困扰（C）是由他们的信念体系（B）制造的。因此，A 和 B 共同“导致”了 C；或者说，A × B=C。B 在很大程度上是他们的信念——同时他们的思考、感觉和行动也占了很重要的一部分。为什么？因为我在前面说过，人们的思考、感觉和行为是相互关联的。

人们的信念体系包括正常或理性的信念以及不正常或非理性的信念，这些信念是强烈的（情绪性），具有行为性（与活动有关）。如上所述，他们的理性信念往往是偏好或愿望（“我希望表现良好，得到重要人物的认可，否则我的行为就是有缺点的”）；他们的非理性信念往往包括绝对的“必须”“应当”和“要求”（“我必须表现良好，得到重要人物的认可，否则我就是没有价值的”）。

通过ABC理论，理性情绪行为疗法教导当事人对理性信念和非理性信念进行区分，保留偏好，改变他们眼里的“必须”，方法是对这些“必须”进行辩论和反驳（D）。

反驳（D）主要由三种理性问题组成。

1. **现实性反驳**：“为什么我必须表现良好？谁规定我必须得到重要人物的认可？”回答：“没有证据表明我必须或一定要做到这一点，但如果我能够做到，这将是非常好的结果。”
2. **逻辑性反驳**：“如果我表现糟糕，失去重要人物的认可，这会使我成为不合格的人吗？”回答：“不，它只会使我的行为变得不合格。不过，我的表现并不等同于我或者我的整个人格。”
3. **实用性反驳**：“如果我相信自己必须表现良好，永远都要得到重要人物的认可，会出现什么结果呢？”回答：“我会让自己变得焦虑而抑郁。”“我希望得到这些结果吗？”回答：“不！”

如果当事人不断地持有理性信念，反驳非理性信念，如果他们（在情绪上）强烈抵制非理性信念，他们最终往往会得到包含“有效的新理念”（ENP）的回答。例如：“我永远不需要表现良好，但我非常喜欢这样做，而且会尽我所能做到这一点。”“不管我的表现多么糟糕和愚蠢，我永远不是坏人，仅仅是这次做出愚蠢表现的人而已。”“目前，我在一些生活状况上不太顺利，但这并不意味着这个世界不好，或者我的整个人生是无可救药的。”

接着，当事人想出其他合适而理性的解决性陈述，以帮助他们享受健康的偏好，放弃不正常的要求。他们还接受治疗师为他们布置的认知性、实验性和活动性家庭作业，以对抗他们的不正常行为。他们所做的一个主要的认知作业是定期填写 REBT 自助表格，如表 A-1 和表 A-2 所示。

表 A-1　REBT 自助表格 1

A（诱发性事件或逆境）

- 简单总结一下令人感到不安的局面（摄像头会看到什么）。
- A 可能是内部的，也可能是外部的；可能是真实的，也可能是想象的。
- A 可能是过去、现在或未来的事件。

IB（非理性信念）	D（反驳非理性信念）
为确定非理性信念，寻找：	**反驳时，问问你自己：**
• 教条式的要求 （必须、绝对、应当）	• 持有这种信念的做法会把我带向何处？这对我有利还是有害？
• 把事情往坏处想 （真糟糕、真可怕、真恐怖）	• 支持我这种非理性信念的证据是什么？它与社会现实相符吗？
• 低挫折容忍度 （我无法忍受）	• 我的信念符合逻辑吗？符合我的偏好吗？
• 评价自我 / 他人 （我 / 他很糟糕，毫无价值）	• 情况真的很可怕吗（糟糕到了极致）？
	• 我真的无法忍受吗？

（续）

C（后果）

主要的、不健康的负面情绪：

主要的"自我挫败"行为：

不健康的负面情绪包括：

- 焦虑
- 抑郁
- 愤怒
- 低挫折容忍度
- 羞愧/尴尬
- 伤心
- 嫉妒
- 内疚

E（有效的新理念）

E（有效的情绪和行为）

新的、健康的负面情绪：

新的建设性行为：

为了更加理性思考，努力做到：

- 非教条式的偏好
  （愿望、希望、欲望）
- 评价糟糕程度
  （很糟糕、很不幸）
- 高挫折容忍度
  （我不喜欢这一点，但我可以忍受）
- 不对自己或他人做整体评价
  （我以及他人都会犯错）

健康的负面情绪包括：

- 失望
- 担心
- 烦恼
- 悲伤
- 遗憾
- 沮丧

© 温迪·德莱顿和简·沃克，1992。阿尔伯特·埃利斯修订，1996。

表 A-2 REBT 自助表格 2

A（诱发性事件或逆境）

我的老板拒绝为我提供应有的加薪。
我丈夫不懂得体恤人。

- 简单总结一下令人感到不安的局面（摄像头会看到什么）。
- A 可能是内部的，也可能是外部的；可能是真实的，也可能是想象的。
- A 可能是过去、现在或未来的事件。

（续）

IB（非理性信念）

我的老板对我不公平，他绝对不应该这样做！

我丈夫不懂得体恤人，他平时也是这样——这太令人讨厌了！

为确定非理性信念，寻找：
- 教条式的要求（必须、绝对、应当）
- 把事情往坏处想（真糟糕、真可怕、真恐怖）
- 低挫折容忍度（我无法忍受）
- 评价自我 / 他人（我 / 他很糟糕，毫无价值）

D（反驳非理性信念）

我的老板为什么必须做到公平？

真是古怪的想法！谁规定我的丈夫必须体恤他人？那就像太阳从西边出来！

反驳时，问问你自己：
- 持有这种信念的做法会把我带向何处？这对我有利还是有害？
- 支持我这种非理性信念的证据是什么？它与社会现实相符吗？
- 我的信念符合逻辑吗？符合我的偏好吗？
- 情况真的很可怕吗（糟糕到了极致）？
- 我真的无法忍受吗？

C（后果）

主要的、不健康的负面情绪：对老板和丈夫生气。
主要的“自我挫败”行为：对他们尖叫。

不健康的负面情绪包括：
- 焦虑
- 抑郁
- 愤怒
- 低挫折容忍度
- 羞愧 / 尴尬
- 伤心
- 嫉妒
- 内疚

E（有效的新理念）

老板经常是不公平的，但我的老板只是有时不公平。我可以接受他的不公平。

根据我丈夫平时的表现，他完全有权利不体恤他人。他的行为很讨厌，但他并不是一个讨厌的人。

为了更加理性思考，努力做到：
- 非教条式的偏好（愿望、希望、欲望）
- 评价糟糕程度（很糟糕、很不幸）
- 高挫折容忍度（我不喜欢这一点，但我可以忍受）
- 不对自己或他人做整体评价（我以及其他人，是容易犯错误的人类）

E（有效的情绪和行为）

新的、健康的负面情绪：
- 沮丧；
- 失望。

新的建设性行为：
- 镇静；
- 委婉地告诉老板和丈夫我有多失望。

健康的负面情绪包括：
- 失望
- 担心
- 烦恼
- 悲伤
- 遗憾
- 沮丧

© 温迪·德莱顿和简·沃克，1992。阿尔伯特·埃利斯修订，1996。

40岁的簿记员雷切尔对她的老板很生气，她认为自己应当获得加薪，但她的老板并没有为她加薪。她也对丈夫吉姆很生气，因为吉姆并不同情她“可怕的困境”。她认为自己生气的原因在于上面这两个人。根据理性情绪行为疗法，这两个人也许有错，但她烦乱的心情实际上来自她对这两个人的要求。不过，雷切尔并不接受这种观点。为此，她和我进行了好几节REBT对话，我（自然地）几乎成功了，但雷切尔仍然不愿意放弃自己的愤怒。

最终，我给了雷切尔一些REBT自助表格，让她填写这些表格，并在填写错误时不断对其进行纠正。最后，经过四个星期，她正确填写了第七张表格，得到了“对钩”。她高兴地说：“哦，我现在知道了！我不是‘希望’丈夫和老板支持我，而是‘坚持要求’他们这样做——这才是我对他们生气的原因。这是毫无疑问的。现在，我会停止自己幼稚的要求。”

REBT唤起性－情绪性和行为性练习

如上所述，理性情绪行为疗法包括一些特别的唤起性－情绪性和行为性练习，其中一种主要的练习就是我所提出的著名的羞愧攻击练习。我在发明这种练习时只有23岁，那时我没什么钱，当我和朋友们在自助餐厅里吃饭时，我会向收银员交出空白的收据，此时我感到非常羞愧。根据我所阅读的哲学作品，我“知道”这种羞愧是我自己制造的，而且是没有必要的，因为收银员显然只会对我产生坏印象，不会逮捕我或杀掉我。所以，我积极而努力地使自己相信，不管收银员如何看待我，我都不是一条蛀虫；我强迫自己去纽约市的许多自助餐厅，喝上一杯水，并在离开之前向收银员出示空白收据。几个星期以后，我的羞愧攻击练习使我变得无所畏惧！所以，多年以后，我经常鼓励我的当事人进行这种练习。

例如，我的当事人艾丽丝英语说得不流利，羞于在公共场合讲话，因为她不想让别人看到自己的尴尬。我鼓励她做一些“可耻”的事情，并在别人为此批评她时不去贬低自己。她做了两种主要的 REBT 羞愧攻击练习：（1）在地铁上多次喊停车，然后留在列车上；（2）在街上拦住一位完全陌生的人，然后说：“我刚从精神病院出来，你能告诉我现在是几月份吗?”她将这些“危险”的练习重复了好几次，承受住了人们异样的目光，最后已经可以感到泰然自若了。

我还用理性情绪行为疗法鼓励胆怯的当事人进行其他各种“危险”的练习，以帮助他们战胜焦虑，比如参与困难的工作面试，在公共场合表演拙劣的舞蹈，谈论他们没有准备的话题，在难以相处的人面前坚持己见。于是，他们消除了自己对批评的敏感性，因为他们发现，他们的行为可能的确使自己感到不舒适，但他们几乎不会因此而受到生命威胁。

理性情绪行为疗法还创造出了许多情绪性 – 唤起性练习，比如马克西・莫尔兹比 1971 年创造出的理性情绪想象。在马克西刚刚创造出这种方法时，我将它用在了当事人罗伯身上。罗伯不敢和女人发生关系，因为他可能无法勃起并维持这种状态，可能被对方拒绝。首先，根据常规理性情绪行为疗法，我告诉他，他实际上是在对自己说：“对于和我上床的所有女人，我都必须做到完全有效，如果我无法被激发，那么我就是一个彻底的失败者！”当他将这种想法转变成“我希望对每个女人做到完全有效，但我并不是必须做到这一点”时，他基本上不再对性事上的失败感到焦虑了。不过，他仍然害怕失败。

所以，我对罗伯使用了理性情绪想象这种情绪性 – 实验性技巧。他需要闭上眼睛，想象他大胆面对一个新的女人，结果没能勃起，于是她严厉地斥责他的无能，说他已经无可救药了。在他的想象中，她说：“也许，你最好放弃性事，去修道院生活！”

我问罗伯：“当你真切地想象这个女人对你的诅咒时，你的真实感受如何？”

“非常抑郁，几乎想要自杀。”

“很好！你对这种理性情绪想象技巧运用得很熟练。好的，让你自己感觉非常抑郁，尽可能深切地去感受。感觉非常抑郁，想要自杀，充分把握住这种感觉。不要克制自己，尽情地去感受。”

“哦，我做到了。我真的做到了！”

“很好。现在，保持住这个女人贬低你的真切形象，然后让自己感受遗憾和沮丧这种健康的负面情绪，而不是抑郁和自杀欲望这种不健康的情绪。仅仅感受健康的遗憾和沮丧，而不是抑郁和自杀欲望。”

“我正在试图去做你所说的事情，但我做不到。我做不到！”

“你完全可以做到！任何人都可以改变他的感情。你的感情是你自己制造出来的，只要你愿意，你总是可以改变自己的感情。现在试试，你能做到！”

罗伯做到了，就像我预想的那样，他感到了遗憾和沮丧，而不是抑郁和自杀欲望。

“好极了！”我说，“你是怎样改变你的感情的？你做了什么？”

“首先，我对自己说：‘让她去死吧！她对我怀有深深的敌意。’然后，我对自己说：‘这是她的个人看法。我可以再去找一个和她不一样的女人，即使我无法勃起，我也能让她感到满意！’这种想法消除了我的敌意和焦虑，我的心里只剩下了遗憾和沮丧。”

“漂亮！”我说，“我说过，你能做到。”

只要将非理性的“必须”和“应当”转变成现实的“最好”，任何人都可以将内心的情感波动转变成健康的感情。

和以前一样，由于罗伯只是轻微地相信“面对女人时勃起是好的，但并不是必需的，即使一个女人为他的失败而贬低他，他也可以接受自己”，因此我鼓励他连续30天每天做一次理性情绪想象练习，直到他坚定地相信和感受到他的新理念为止。他接受了这种方法。20

天以后，他失去了和其他女人上床的恐惧。

除了这种想象方法，我还对焦虑、抑郁、愤怒的当事人使用了其他一些极具情绪性-唤起性的方法，比如角色扮演。在这种方法中，当事人通过角色扮演的方式表演重要的面试，使自己对面试结果感到焦虑，然后停止角色扮演，看一看他们对自己说的哪些话使自己感到焦虑，纠正这些使他们感到焦虑的“应该”和“必须”，然后继续进行角色扮演练习。

让我再重复一遍：理性情绪行为疗法使用了许多行为性和情绪性-唤起性练习，但它同时也会通过认知方式发现在这些练习中出现的“应该”和“必须”，并且积极持续地反驳这些“应该”和“必须”，从而通过将思考、感觉和行动结合在一起的方法帮助人们最大限度地降低情绪困扰。还是那句话：三者是一体的！

教导无条件自我接纳、无条件接纳他人和无条件接纳人生的基本理念

为帮助我的当事人（以及其他人）实现无条件接纳自我、他人和人生这三个基本的理性情绪行为疗法哲学理念，我使用了本书介绍的所有认知性、情绪性和行为性治疗方法。不过，为了让它们改变不正常的“思考——感情流露——表现”这一重要习惯，我不断提醒人们，他们很容易后退到对自我、他人和人生的危险评价之中。我对理性情绪行为疗法追随者的怀疑就像佛教对信徒的怀疑一样，即使他们看上去接受了四个基本真理并以健康的方式对其使用了许多年，佛教依然不会让信徒忘记他们是多么容易忽视这些真理。

当我思考这个问题时，我突然想到，这很可能就是所有重要宗教强调修行的原因。例如，犹太教有拉比、《塔木德》学者以及圣人（如大卫和约伯），基督教有教士、牧师和圣徒（如圣奥古斯丁和圣女贞

德）。伊斯兰教有牧师、先知、忠实信徒，当然还有穆罕默德。这些权威而神圣的教师成了普通教徒的优秀榜样，后者常常无法维持对基本信条的虔诚遵守，因此需要有优秀的榜样来提醒他们不要退步。

换句话说，当一个宗教的核心思想家能够得到人们的“赞成”，但人们无法坚持追随思想家时（因为这需要极大的自律），少数虔诚的追随者就会被神化，以便为那些更加松懈、不够坚定的追随者提供榜样。

这也适用于佛教。大多数僧人似乎很难坚持遵守四圣谛。因此，人们制定了长期的培训计划，以便将一些人指定为大师，这些大师属于最优秀的追随者，只占总人数的几千分之一。

顺便说一句：心理治疗领域也有一些先知，比如弗洛伊德、阿德勒、荣格、赖希、罗杰斯和波尔斯。不过，他们的大多数追随者并不认为他们是圣徒。希望阿尔伯特·埃利斯也不会被人捧到圣人的位置上！圣人意味着绝对真理，而绝对真理是不存在的。

让我们回到理性情绪行为疗法的基本哲学理念上。人们对这些理念的把握往往不是很牢固，很容易将其与有条件尊重自我和他人相混淆。让自己和他人为其罪行负责以及为邪恶行径谴责作恶者的做法似乎是正确的。正如理性情绪行为疗法所说，这些人并不等同于他们的反社会行为。不过，他们仍然做出了这种行为，而且常常造成了极大的伤害。我们如何能够不责备他们呢？

答案是：通过理性情绪行为疗法原谅他们，同时不宽恕他们的错误和不公正。这种疗法不断承认和接纳人类容易犯错误的特点。

首先，理性情绪行为疗法教导人们无条件自我接纳。你谴责你的不端行为，而不是谴责你自己；你斥责你的罪恶，而不是斥责你这个罪人；你贬低自己的一些思想、感情和行为，而不是贬低你的整体和你自己。

其次，理性情绪行为疗法教导你无条件接纳其他所有人（以及动物)，尤其是当他们做出邪恶行为时。还是那个道理，他们经常犯罪，但他们并不是该死的罪人。

最后，你无条件接纳人生和世界——尽管它们常常带来糟糕透顶的环境条件。你谴责这些环境条件，努力扭转局面；不过，你优雅地接纳（不是宽恕）你目前无法改变的事情。是的，优雅地、毫无怨恨地接纳。

很简单，不是吗？是的，但也不是：理性情绪行为疗法哲学自有其复杂之处。因此，这种疗法需要得到不断的教导。不过，根据我的个人观点，我认为这是值得的！

附录 B

非理性信念在完美主义思想中扮演的角色[⊖]

完美主义是人们产生焦虑、抑郁和其他情绪困扰的一个重要因素，斯多葛学派和爱比克泰德（爱比克泰德，1899；克塞纳基斯，1969）对此至少有了模糊的认识，而阿尔弗德雷·阿德勒、保罗·杜波依斯和皮埃尔·让内等认知疗法先驱早在一个多世纪前就发现了这一点。非弗洛伊德主义心理分析师凯伦·霍尼（1950）在她的理想形象概念中也提到了这个问题。

我是首个特别将完美主义看作自我毁灭式非理性信念的认知行为治疗师。1956 年 8 月 31 日，我在美国心理学会芝加哥年度会议上发表了关于理性情绪行为疗法（REBT）的原创论文（埃利斯，1958），举出了 12 个基本的非理性思想，其中就包括“完美主义”：

> 认为一个人应当在所有可能的方面完全有能力、符合要求、有理解力、有成就的思想；它的反面是认为一个人应当表

⊖ 重印自 G. L. 弗莱特和保罗 L. 休伊特编辑的《完美主义：理论、研究与治疗》（华盛顿特区：美国心理学会，2002），pp.217-29。使用得到了许可。

> 现良好而不是拼命努力表现良好，而且应当接纳自己这个不完美的、拥有人类普遍局限性和具体不可靠性的生物。(p.41)

在我的第一本关于理性情绪行为疗法的面向大众的著作《如何与神经过敏者共处》(1957)中，我在导致情绪困扰的主要非理性思想中提到了这样几条：

> 一个人应当在所有可能的方面完全有能力、符合要求、有才能、有理解力；人生的主要目标和目的是成就和成功；一个人在任何事情上的无能都表示他是一个不够格或没有价值的人。(p.89)
>
> 我还提到，"完美主义……过度追求完美必然导致幻灭、悲痛和自我憎恨"(p.89)。

1962年，经过七年对理性情绪行为疗法的实践、讲授和论述，我写出了第一部心理行业的著作《心理治疗中的理智和情绪》。在该书中，我提出了导致和维持情绪波动的11种主要的非理性思想，其中包括：

> 认为一个人要想承认自己有价值，应当在所有可能的方面有能力、有成就、符合要求的思想。……4. 当事情没有表现出自己非常喜欢的那种状况时，认为情况很糟糕甚至很失败的思想。……11. 认为人类的问题总有一个正确、精确、完美的解决方案，如果找不到这个解决方案就会很失败的思想。(pp.69-88)

显然，理性情绪行为疗法从一开始就特别强调了完美主义的非理性和自我毁灭性。阐述这种思想的REBT文献（包括文章和书籍）多达几十篇，包括我自己的许多出版物（埃利斯，1988；埃利斯和德莱顿，1997；埃利斯、戈登、尼南和帕尔默，1997；埃利斯和哈珀，1997；埃利斯和塔夫瑞特，1997；埃利斯和费尔滕，1988），以及其他 REBT 先驱的出版物（伯纳德，1993；德莱顿，1988；霍克，1991；沃尔登、迪朱塞佩和德莱顿，1992）。在理性情绪行为疗法将完美主义确定为一个重要的非理性信念以后，近年来，大量文献专门用于研究和治疗完美主义，认知行为疗法也经常强调完美主义的心理学危害和治疗。A. 贝克（1976）和伯恩斯（1980）特别对其重要性进行了强调，其他许多认知行为学家也对完美主义及其治疗进行了介绍（J. 贝克，1995；弗莱特和休伊特，2002；休伊特和弗莱特，1993；拉扎勒斯和费伊，1993；拉扎勒斯，1997）。

虽然我是强调完美主义对于情绪和行为波动具有重要作用的主要理论家和治疗师之一，但我现在发现，我从未描述过完美主义中的理性成分或自我帮助成分是什么，它们是如何与非理性成分和自我毁灭成分共同出现的，为什么它们很可能“天然”存在，阻碍人类放弃强烈的完美主义倾向。由于这本书通篇都在介绍完美主义，所以我也许应该比过去更加详细地讨论一下这些重要问题。

人类行为的理性和非理性这些主要思想来自这样一个古老观念：为了帮助人们维持生存和正常运转，人类拥有一些基本的要求、目标和偏好——它们常常被错误地称为需要或必需品。因此，我们通常认为在下列条件下，人们可以生存得更好，更有效。

1. 拥有自我效能感或自主感（自我满足）。
2. 在现实中成功得到他们想要的事物，回避他们不想要的事物（目标或成就满足）。
3. 得到他们认为重要的人对他们的认可和最低限度的不认可（爱和认可满足）。
4. 安全而健康，不太可能患病、受伤或被杀（安全满足）。

当人们无法满足上述一个或多个愿望和目标时，他们并不是不能生存，或者一定会感到彻底的痛苦，因此我们最好不要称为需要或极端必需品。不过，人们通常承认（为了下面的讨论，我们可以试探性地接受这一点）同无法实现这目标相比，当人类实现这四个目标时，他们往往可以过得更好（更快乐），活得更长（生存）。

假设——这只是为了讨论，不是为了提出任何绝对真理——当人们满足上述四个基本的强烈欲望或要求时，他们更有可能存活下来，并为自己的生存感到高兴，那么他们很可能可以合理地根据其中的第一个强烈欲望或目标——自我满足，理智地得到下面的结论：

> 如果我缺乏自我效能，认为自己只能做出糟糕的表现，永远无法做出完美表现，那么我就会倾向于表现得比理论上能够做出的表现更加糟糕。因此：
>
> 1. 在我的生命中，我很可能会得到更多我不想得到的事物，失去更多我想得到的事物（因为我认为自己无法做出良好表现）。
> 2. 我很可能失去更多重要人物的认可和爱（还是因为我认为自己无法得到它）。
> 3. 我很可能更容易被危险的状况所伤害甚至丧命（因为我认为自己无法采取防范措施应对威胁）。

换一种说法，如果糟糕或不完美的表现而不是良好或完美的表现，可能使你失去更多你想得到的事物和其他人的认可，使你更加接近疾病、伤害和死亡，如果你的自我无效感阻碍你做出良好或者完美的表现，那么拥有自我效能感是非常理性的（即可以帮助自己），就像班杜拉（1997）及其追求者的研究经常展示的那样。因此，你想要拥有自我效能感，从而提高自己并做出良好表现，得到他人认可以及远离伤害或死亡的机会，这种希望或欲望是一种理性信念，不是非理性信念。

不过，你也可能拥有关于自我效能的自我毁灭式非理性信念，比如“由于我希望拥有自我效能感，所以我必须拥有它，否则我就是一个没有价值、不可爱、没有希望、面临生命危险的人！”进一步说，你所拥有的关于自我效能的非理性信念可能是“由于我希望拥有它，所以我必须在所有时间、所有条件下完美地拥有它！”要想实现这一目标，你需要极大的运气！

我所做的关于自我效能目标的论述也适用于希望自己有效、有生产力、高效、有成就的目标。这些目标通常是理性的，因为如果你做出良好甚至完美的表现，你很可能在如今的大多数环境里（明天的事情无人可知）得到更多你想要的事物、更多的认可（还有羡慕和嫉妒），以及更加安全长寿的生命。所以，在大多数条件下——尽管不可能包括所有情况，如果你想要实现这些目标，你尽可以努力去实现。只要你希望而不是要求实现这些目标，你就会（根据 REBT 理论）在无法实现目标时感到沮丧、遗憾和失望，而不是抑郁、焦虑或愤怒。

如果将你对成功和成就的欲望升级为要求，尤其是完美主义要求，情况就完全不一样了。听听这种说法：“在所有时间和所有条件下，我必须完美地完成我的目标！”否则呢？否则你就会倾向于认为你永远无法得到自己想要的事情；否则你就完全不值得得到重要人物的认可和爱；否则你就会不断处于伤害和毁灭的危险之中。你预测了一大堆“可怕”的事情，并将它们安放到自己身上。

如果我到目前为止所说的内容是正确的，那么你很容易正当地拥有希望获得成功和成就（甚至是完美成就）的理性、理智、具有自我帮助作用的欲望。例如，你可以希望考试得 100 分，并且得到你认为重要的所有人的认可。这是很好的结果，不过，不要认为这是必需的。

还是那句话，你可以希望（甚至强烈希望）得到其他人的认可。如果你按照他们希望的行动方式去行动，并且他们在所有条件下总是完美地支持你，这很可能是一个不错的结果。他们完全可能给你更多你想得到的事物，而不是你不喜欢的事物。很好！不过，如果你需要他人的认可，尤其是如果你需要他们永恒而完美的认可，你就要当心了！将愿望提升为需要是不理性的做法，二者之间存在巨大的区别！

那么，你对安全、保险、健康和长寿的努力追求呢？努力是对的，但是不能拼命地强迫自己努力。如果你非常想要这样的安全措施，你可能也会注意到它们的缺点和局限性。你越是追求自身安全，你就越有可能在探险和实验方面做出牺牲。所以，你需要做出选择。安全而漫长的一生不一定是快乐的一生。同愿望和选项一样，谨慎和忧虑可能对你具有真正的价值。不过，对安全的绝对需要将使你变得焦虑而恐慌，而且它很可能会带来不必要的危险。

到目前为止，我所做的论述表明，拥有自我效能、能力、讨人喜爱的特点以及安全性，往往会对人的生活起到帮助作用。当然，这不是永恒的，而且有一些例外。在大多数时间里，对于大多数人来说，这些特点似乎利大于弊。因此，不为这些目标努力的个体和群体是很少的。实际上，如果它们利大于弊，那么当你追求这些目标时，你就是理性的，是在帮助自己。那么，为什么你常常将自己的欲望升级成不切实际的、常常带有理想主义色彩的要求呢？这不是一种非理性的自我破坏吗？为什么你经常将它们转变成愚蠢而绝对的“必须”呢？

对于这个悖论，心理学家通常给出的答案是，这是人类先天生理倾向和他们的早期教养或抚养共同作用的结果。首先，出于进化和生存原因，他们既有希望，又有要求，而不是只有希望，这是他们的天性；其次，他们的父母和老师强化了他们这种希望和要求的天性，而且常常使它们朝着更加不利的方向发展；最后，他们对希望和要求进行实践，对这两种行为产生了习惯和依赖性，因此他们在一生中不断重复着自己的希望和坚持。

这些原因也许可以很好地解释为什么理性偏好和非理性要求存在于几乎所有人身上，并且导致了巨大的利益和损害。在过去 60 年对于数千人的心理治疗中，我发现了一些更加具体的原因，可以解释为什么当人们有可能通过“偏好”和“非必要式目标追求”减少情绪困扰时，他们仍然会去选择“要求”和“愚蠢的必须”。我将以假设的形式展示下面的思想，因为这些思想还没有得到验证；不过，如果它们得到验证，获得一些可信的经验支持，那么这些想法可能会增进我们对完美主义的理解。

1. 人们很容易将他们轻微或适度的愿望与他们的要求区分开，但他们常常很难在强烈有力的愿望与坚持之间划清界限。当他们轻微或适度地希望成功完成一项重要任务，赢得社会认可或远离伤害时，他们很少或只是偶尔认为自己必须实现这些目标；不过，当他们强烈希望做这些事情时，他们常常坚持认为自己必须实现目标。他们拥有轻微愿望或强烈愿望的原因取决于许多因素，包括生理因素和环境因素。不过，我的理论认为，不管出于什么原因，一旦他们拥有强烈的愿望——《纽约时报》作者沃尔科特·吉布斯称为“强烈的心血来潮”——他们常常认为（尤其是感觉）自己必须实现目标。
2. 对于表现良好或赢得他人认可的温和或适度偏好，意味着其他行为也是可以接受的。例如：“我比较希望赢下这场网球比赛，但如果我输掉比赛，也没有什么大不了，我很可能会坚持下去，以赢得下一场比赛。”“我比较希望玛丽喜欢我，但如果她不喜欢我，我也可以在无法被她认可的情况下生活，而且我可能得到简的爱，而简和玛丽并没有太大区别。”如果你温和地想要某个事物，但是无法得到它，你完全有可能得到几乎一样理想的其他事物。

   不过，一个强烈的愿望往往不会留下其他等价选项。例如：“我非常想赢下这场网球比赛，从而成为冠军。所以，如果我输掉比赛，我就会失去自己强烈想要得到的冠军，并且永远无法得到它。因此，我必须赢下这场比赛，得到我真正想要得到的东西。”“我非常希望玛丽能够喜欢我，因为她是一个特殊的人，我非常欣赏她。因此，如果玛丽不喜欢我，我就会和简走到一起，这是一个糟糕的结果，无法真正让我感到满意。因此，我必须让玛丽喜欢我。”

因此，强烈的偏好几乎不会为替代选项（或者至少是同样令人满意的选项）留下任何空间，它会告诉你，由于不存在替代选项，所以你必须实现自己的强烈偏好。由于这些偏好所具有的强度，它们会使你对替代选项抱有偏见，使你所面对的选项产生强制性，而不仅仅是一种偏好。

3. 正是因为具有强烈性，强烈的愿望鼓励你关注（有时几乎是着迷而强制地关注）一个选项或一个特别的选项，忽视或蔑视替代选项。因此，如果你温和地想要赢下一场网球比赛，你可以自由地考虑其他许多事情：比如你的对手赢得比赛时产生的快乐；或者当你取胜时，他会讨厌你。因此，除了赢得比赛，你还会考虑一些替代方案，甚至可能故意输掉比赛；或者，你可能决定打高尔夫，而不是打网球。

不过，如果你强烈希望赢下网球比赛，也许你还强烈希望由此赢得冠军，那么你就会倾向于关注取胜所带来的利益以及失败的“可怕”后果，你这种（着迷而强制的）关注就会抑制你的其他想法，有选择地阻止你对这些替代方案进行认真思考。换句话说，强烈的愿望常常导致专注的思考和有偏见的过度一概而论——这当然不是必然的，但明显比温和或适度的愿望要频繁得多。这样一来，强烈愿望所鼓励的有偏见的过度一概而论就会导致这样一种信念：由于其他一些表现目标、认可目标或安全追求是非常理想的，因此它们也是必要的。对其理想性的过度关注往往会使你将其看作极端必需品。

如果我所提出的“强烈的愿望比轻微的愿望更容易导致要求和愚蠢的必须”这种假设能够得到经验性发现的支持，所有这些内容和完美主义又有什么关系呢？我的理论进一步认为，能够存活到现在的几乎所有文化都会将某些行为定义成“善行”并为执行者提供回报，在这样的人类社会中，“我希望做出良好的表现，并且希望经常做出完美的表现”这一信念是理性的，可以对自己起到帮助作用。不过，“我必须做出良好的表现，而且必须做出完美的表现”这一信念常常是非理性的，具有自我毁灭性，因为作为一个生活在社会限制中的容易犯错误的人，你常常无法做出良好的表现（根据个人和社会标准判断），而且显然无法做出完美的表现。

而且，你所要求的对于良好或完美表现的保证完全可能制造出关于表现的焦虑感，从而影响你的成功；你所要求的“我一定不能焦虑，我一定不能焦虑”的保证可能使你变得更加焦虑。因此，取代“偏好”的“要求”无法很好地实现你的目的。对于你必须得到你所想要的某件事情的坚持似乎“符合逻辑”（从动机的角度看）。实际上，它是不合逻辑的，往往会导致焦虑，尽管这看上去很矛盾。

我的这种关于愿望的理论认为，替代轻微愿望的强烈愿望：（1）更有可能使你认为这些愿望必须得到实现；（2）更有可能使你认为它们必须得到完美实现。如果它们的成功实现能够为你提供合理的利益，如果它们的完美实现也能为你提供合理的利益——就像我在上面提到的那样，那么你就有理由从“我绝对必须实现我的强烈愿望，仅仅因为这种愿望很强烈”——这完全是一种不合逻辑的推论，跳到“我绝对必须完美地实现我的强烈愿望，仅仅因为这种愿望很强烈”——这也完全是一种不合逻辑的推论。

因此我认为，替代轻微愿望的强烈愿望是一种深刻的偏见，换句话说，它们属于认知性－情绪性偏见。出于各种原因，这种愿望常常鼓励人们这样想：“因为我强烈想要得到成功、认可或安全，而且拥有这些对我是有利的，所以我必须拥有它们。”这是一种比较宏大的、带有完美主义色彩的想法，因为这个宇宙显然不是由你我运行的，不管我们的愿望多么强烈，我们想要得到的事情并不是必须存在的。

不过，人类很容易产生自大心理，要求他们的强烈愿望必须得到实现。正如弗洛伊德及其心理分析追随者指出的那样，人类经常打如意算盘。更重要的是，他们经常以强烈要求实现愿望的方式思考和感受：“由于我强烈希望如此，因此它应当如此！”一旦他们将强大的愿望升级成极端的必需，他们往往会将其推进一步：“因为我最重要的愿望是神圣的，必须得到实现，所以它们必须得到充分地、完全地、完美地实现！”于是，他们真的在情绪和行为上出现了问题。

完美主义，非理性信念与焦虑敏感性

让我再来考虑一个重要问题。我在《心理治疗中的理智和情绪》（埃利斯，1962）中指出，焦虑的人尤其是经历恐慌的人，常常对自己的焦虑感到非常焦虑，对自己最初的心理波动产生二次波动。为什么这种情况在人们中间如此常见？根据 REBT 理论，这是因为人们强烈地告诫自己：“我一定不能焦虑！焦虑的感觉太糟糕了！如果我感到焦虑，我就是一个不够好的人！”

瑞斯及其同事（瑞斯和麦克纳利，1985）在几年的时间里形成了这样的理论：一些人对其自身的焦虑感具有异常的敏感性——这和我 1962 年提出的假设相同。他们将这种二次焦虑症状称为焦虑敏感性，并且对其进行了许多研究，证实了我和其他临床学家在这方面的一些观察（考克斯、帕克和斯文森，1996；泰勒，1995；瓦赫特尔，1994）。瑞斯的焦虑敏感性理论与我的强烈愿望理论存在一定的重叠。这种理论认为，一些对于焦虑感到焦虑的人发现他们的焦虑感非常不舒服，因此将这种状况想象得特别严重，从而进入了恐慌状态。他们脱离焦虑的愿望非常强烈，甚至要求自己不能拥有焦虑感。于是，情况变得更加糟糕。

我们可能会问，为什么焦虑敏感型个体对于他们的焦虑如此苛刻呢？我的理论有如下回答。

1. 焦虑（尤其是恐慌）是不舒服的。它具有恶劣的感觉，影响人的能力，可能导致社会的不认可，而且经常带来身体症状——比如呼吸短促，心跳加速，使你认为自己处于真正的物理危险之中，甚至认为你即将死去。
2. 由于它让人感到非常不舒服，所以你强烈希望它不存在（消失），并且希望它的所有缺点和它一同消失。
3. 由于你强烈希望它消失，所以你坚持要求："我一定不能焦虑！我一定不能恐慌！"
4. 于是，你以符合逻辑的方式（尽管这非常违反常理）对自己的焦虑感到焦虑，对自己的恐慌感到恐慌。
5. 因此，你不舒服的症状得到了加强，尤其是窒息和心跳加速这种身体症状。
6. 你变得无比恐慌。
7. 你进入了恶性循环。
8. 最后，由于你最轻微的恐慌感带来了极大的不适，你可能经常认为："我一定不能恐慌！我必须完全远离焦虑和恐慌！"事实是，由于你对恐慌感带来的不适（以及其他缺点）极为在意，你可能要求自己完全远离恐慌，因此可能会提高恐慌的可能性。

上面这段关于焦虑导致焦虑和恐慌导致恐慌的解释，可以很好地纳入我所提出的关于强烈愿望及其与要求性和完美主义之间关系的理论中。不过，请当心！这种理论也许解释得比较好，但它可能很难与现实生活中的现象联系在一起。许多心理分析理论相互之间匹配得很好，而且支持它们的导出假设，但它们似乎与客观事实没有太大的关系。

所以，我相信并提出了这种理论：当人们的轻微愿望无法实现时，他们通常会出现失望、遗憾、沮丧等健康的负面感情；当他们的强烈愿望无法实现时，他们更容易形成绝对的“必须”和要求，从而产生焦虑、抑郁、愤怒和自哀等不健康的感情。在我看来，这是一个可信且可测的理论，它似乎也对人类的完美主义做出了一定的解释。现在我们只需要检验我的理论和解释，看看是否存在反驳它们的证据。提出理论是很有趣的，收集证据则要难得多。

成对的完美主义与非理性信念

到目前为止，我在附录 B 考虑了个体对成就、认可和安全的要求；不过，它们当然也存在于夫妻、家庭和社会之中。这里以夫妻治疗为例。在 40 多年的 REBT 实践里，我做了大量夫妻治疗。丈夫、妻子和其他同伴像对待自己一样以苛刻和追求完美的态度对待他们的伴侣吗？答案常常是肯定的，这给他们的关系带来了可怕的结果。

36 岁的约翰是一名会计，他在工作上追求完美主义，对自己非常严格，如果某个数据出了差错，他就会感到异常焦虑。对于这种完美主义，他给出的理由是，这些数据当然需要做到完全准确，因为这是会计，而会计当然意味着准确。不过，约翰在着装、网球比赛以及生活中的其他一些方面也在追求完美。由于他极其努力地投入到会计工作、外表维护和网球上，他在这些方面表现得还算成功，只是偶尔当事情稍微失控时才会感到焦虑。他的强迫性努力使他的生活过得还算顺利。

不过，约翰对他的妻子萨莉和两个会计同事也提出了完美主义的要求。他们也必须——是的，必须——做出良好的表现，衣着得体，甚至还要把网球打好。但是，这些不求上进的家伙往往做不到这一点。虽然约翰可以为自己的完美而努力，但他显然无法控制他们的表现，因此他常常对“粗心的”妻子和同事发火，这比他为自己的表现而焦虑的情况要频繁得多。

约翰的妻子和同事坚持要求他去接受心理治疗，因此他找到了我。他面临着妻子和同事抛弃他的危险。首先，我费了很大的力气向他说明，他这种追求完美表现的做法是很愚蠢的，因为他希望努力做到完美，并在偶尔无法做到完美时感到恐慌。接着，我告诉他，他对其他人的要求是行不通的——这就简单多了。他几乎无法控制其他人，而且他们将继续按照自己的选择保持可恶的不完美状态，甚至是彻底的慵懒。他们不应该这样，但他们就是这样。

经过几次理性情绪行为疗法对话，约翰可以将萨莉和同事的完美行为作为一种偏好，而不是要求，因此当他们在会计、网球或其他方面出现错误时，他会感到强烈的失望，但是不会感到愤怒，而且没有人会抛弃他。他略微放松了对自己的完美主义要求，继续在大多数方面表现良好，但他仍然明显表现出了毫无必要的过度焦虑。

我和约翰的妻子萨莉也进行了几次对话。她在大多数方面对自己没有过多的要求，但她无法忍受约翰和他们12岁的女儿伊莱克特拉的偏执性和强迫性。他们继承了家族的完美主义传统（就像约翰的父亲和姐姐那样），需要将许多事情做到绝对完美。萨莉无法忍受他们疯狂逼迫自己实现目标（这已经很糟糕了），并且要求她也不能犯错误（这是不可能的）的做法。她在其他方面很随和，但在这方面，她不断产生苛刻的想法：“他们一定不能这样严谨！他们必须更加宽容！我无法忍受他们的偏执！”

我告诉萨莉——说服她比说服约翰容易得多，她对约翰和伊莱克特拉偏执态度的不宽容是行不通的。她的愤怒将对自己产生极大的影响，但是不会改变约翰和伊莱克特拉，而且可能使她离开约翰（这不算太糟糕）和伊莱克特拉（这就不太好了），并使自己的内心产生恐惧（这就更糟糕了）。

萨莉明白了这个道理，她很快放弃了对约翰和伊莱克特拉偏执态度的不宽容，她仍然想让他们更加理智，但是不再坚持这一点。在我的帮助下，她改变了自己要求家人减轻完美主义倾向的想法。就这样，约翰降低了他对萨莉（以及他的同事）的要求，萨莉极大地降低了她对约翰和伊莱克特拉的完美主义要求。约翰保留了对自身表现的一些完美主义要求，但他能够避免这些要求严重影响他在家庭和工作上的人际关系。

完美主义与过度竞争态度

约翰坚持要求自己必须表现优秀的一个原因在于，他执着于我在《心理治疗中的理智和情绪》（1962）第一版中描述的完美主义者的那种竞争态度。当时我是这样说的：

> 如果一个个体必须以优异的表现取得成功，那么他不仅是在挑战自己，考验自身的力量（这一点也许是有益的），而且是在不断地将自己与他人进行比较，努力胜过他人。因此，他变得以他人为导向，而不是以自己为导向，并且为自己制定了几乎不可能完成的任务（因为不管他在某个领域多么优秀，他都不可能保证没有人比他更优秀）。（pp.63-64）

在进行了将近 50 年的 REBT 实践，研究了几十项非理性信念研究取得的结果以后，我发现这种假设变得更加可信。过度竞争态度是经常持有“必须”想法的人（尤其是完美主义者）的一个共同特征，他们主要持有不健康的有条件自我接纳理想，而不是健康的无条件自我接纳理想。他们认为自己成为一个“好人”的主要条件是突出的成就，而要想成为比其他人“更好的人”，他们需要取得优异的成就。

实际上，拼命努力胜过他人并由此获得“更好”的个人价值的想法，是一种不民主的、与法西斯主义类似的哲学理念。在许多支持者眼中，希特勒和墨索里尼这样的法西斯主义者不仅在体魄和人种等特点上更加优秀（即更有能力），而且被看作高人一等的人，他们的本质被认为极为优秀。他们几乎完全站在了无条件自我接纳概念（完全接纳和尊重自己，不管你是否取得成就）的对立面（埃利斯，1962，2004a，2004b；埃利斯和哈珀，1997；埃利斯和费尔滕，1998；霍克，1991）。

因此，完美主义者往往是条件性很强的自我接纳者，他们认为个人价值的基础是以强烈的竞争精神胜过他人（在这个过程中，他们常常无法发现自己想做什么），而且倾向于以法西斯主义方式贬低他人。多年来，我发现了这些假设的大量临床证据，因此它们值得进行大量研究。

完美主义与压力

压力对完美主义者的影响如何？在我看来，这种影响比压力对非完美主义者的影响要大。首先，他们可能要求最大限度地减轻压力，或者要求压力完全消失；其次，他们可能要求自己在面对导致压力的实际问题时必须得到完美的解决方案，比如如何完美地应对面试，如何得到完美的工作，如何完美地与老板或员工相处等；最后，当压力条件（比如业务困难）出现时，他们可能要求自己拿出完美的解决方案。他们不仅希望自己能够找到解决方案，而且要求自己迅速便捷地找到这些方案，这通常是做不到的。因此，在同等压力条件下，与非完美主义者相比，完美主义者会“发现”更多压力，得到不那么令人满意的解决方案，遇到更加漫长的困难。他们的完美主义否认关于压力源数量和程度的现实而最有可能的期望，因此他们常常使小问题演变成巨大的灾难。

关于生活中的压力源，他们和那些产生情绪困扰的人具有同样的非理性信念，但他们的信念更加强烈严格。因此，他们往往相信压力条件绝对不能存在；如果存在，那将是极为可怕而恐怖的（糟糕到了极点）；他们完全无法忍受这种压力（由于这种压力而完全无法享受生活）；他们完全无力改变现状；他们理应责备自己和其他人没能消除这种压力或者没能漂亮地应对这种压力。

根据 REBT 理论，几乎所有产生情绪困扰的人都会在某些时候拥有这些自我毁灭性信念。不过，完美主义者似乎更加频繁坚定地持有这种信念，牢牢地抓着这些想法不放。因此，正如布拉特（1955）所说，他们往往需要长期治疗，而且如果对他们使用理性情绪行为疗法，那么治疗师往往需要使用多种认知性、情绪性和行为性方法，才能让他们放弃自己的信念。为什么？因为单独一种反驳和对抗非理性信念的方法似乎无法说服他们。因此，使用多种方法的治疗师最终可能会得到更好的效果。

出于同样的原因，我发现，如果对压力条件反应强烈的完美主义者接受认知行为小组治疗，治疗师和一些小组成员共同积极帮助他们放弃僵化的信念和行为，那么同只有一个治疗师对抗其完美主义的个体治疗相比，这种疗法可以取得更好的效果。原因似乎是相同的，那就是与非完美主义者相比，完美主义者拥有：（1）做出良好表现的、更加强烈的愿望或偏好；（2）做出良好表现的、更加强烈和严格的要求；（3）在一种或多种条件下做出完美表现的、更加强烈的坚持；（4）不容易在短期内得到改变的以完美主义方式思考、感觉和行动的长期习惯。由于所有这些原因，具有完美主义倾向的客户常常很难对付，他们需要接受长期高强度的治疗。

因此，我的假设是，与我所说的“良性神经过敏者”相比，完美主义者在非理性信念上更加坚定。其中，许多人（不是所有人）具有严重的人格障碍。正像皮埃尔·让内一个多世纪前对于存在严重情绪困扰的人所说的那样，他们具有“固定思维”。我们首先应该承认这一点，然后才能想办法改变他们。

附录 C

向人们说明他们不是没有价值的个体[⊖]

存在情绪困扰的人往往认为他们是没有价值的、不合格的个体，完全不值得获得自我尊重和快乐，这也许是他们最常见的自我挫败式想法。这种负面自我评价可以通过多种方式解决，比如给予他们无条件积极关怀（卡尔·罗杰斯），直接认可他们（桑德尔·费伦齐），或者对他们进行支持性治疗（刘易斯·沃尔伯格）。正如我在我的著作《心理治疗中的理智和情绪》以及《如何坚决拒绝让自己为任何事情感到痛苦——是的，任何事情！》中提到的那样，我更喜欢以积极引导的方式和当事人讨论他们的基本生活哲学，让他们知道，不管他们是否有能力，是否能够得到别人的爱，他们可以仅仅因为自己的存在而肯定自己。这是"理性情绪行为疗法"的一条核心学说。

可以想象，当我向人们说明他们的"毫无价值"仅仅是自己的人为定义时，我遇到了很大的困难。即使我能让他们相信（我经常这样做）他们无法通过经验证明自己一无是处，他们仍然可能提出这样的问

⊖ 最初发表于《声音：心理治疗的艺术和科学 1》NO.2（1965）：74-77。2001 年修改版。纽约：阿尔伯特·埃利斯研究所。

题："你如何证明我真的有价值？这个概念不也是武断的人为定义吗？"

是的，我完全承认这一点：因为从哲学上看，关于人类价值的所有概念都是以公理形式给出的值，无法得到实践的证明（除了这样一种实用标准：如果你认为自己有价值或没有价值，而且这种信念对你"有效"，那么你很可能会实现你的看法）。我向人们解释说，如果他们完全不去评价自己，仅仅接受自己的存在性，同时只对自己的表现进行评价，这将是一种非常优雅的哲学理念。这样，他们就可以更好地解决自己的"价值"问题。

出于各种原因，许多人抵制这种不去评价自己的想法，尤其是因为他们发现，将自己与自己的表现区分开几乎是不可能的，因此坚持认为，如果他们的行为无可救药，那么他们一定是无可救药的人。我告诉他们，不管他们的结果多么无效，他们仍然是一种持续的过程，而且就像罗伯特·哈特曼和阿尔弗雷德·科日布斯基指出的那样，你无法像衡量一个人的结果那样衡量他的过程或存在。

我最近提出了一个观点，可以很好地说服人们相信他们不仅仅是由自己的行为构成的。我不仅告诉他们，他们无法用评价自身表现的标准来衡量自己，而且向他们说明，他们（或者任何人）的优秀作品无法用于衡量他们本人。

"你是否意识到，"我问一个人，"几乎所有情绪困扰的产生，都是因为我们对于自身及其行为的词汇定义不准确，或者不具备可操作性，而且如果我们强迫自己对自我描述进行积极定义，这种情绪困扰可以得到最大限度的缓解？"

"为什么这么说？"她通常会这样问。

"我们以达·芬奇为例，"我回答道，"我们通常称他为天才甚至全能天才。不过，这是胡说八道——他当然不是这种人。"

"他不是吗？"

"是的。我们之所以称他——或米开朗基罗或爱因斯坦或其他任何人——为天才，是因为我们很喜欢这种草率的思考方式。不可否认，达·芬奇具有某些天才特质。也就是说，在某些方面，在一定的历史时期里，他做得非常好。”

“但是天才不就是这样吗——在某些方面表现得异常优秀？”

“这是我们的无心之语。实际上，‘天才’一词显然意味着拥有这一头衔的人在各个方面都具有优秀的表现。当然，没有人能做到这一点，包括达·芬奇。实际上，他做了许多固执愚蠢的事情。他和一些主顾打架，而且经常陷入抑郁之中，经常发脾气。所以，他经常表现得很愚蠢，缺乏创造性，这显然不是真正的天才应该做的事情。这样说没错吧？”

“嗯——也许吧。”

“进一步说，让我们考虑他最优秀的工作——他的艺术。他在这方面真的是彻底的天才吗？他的所有油画甚至是大部分油画，在色彩、构成、制图、对比和原创性上都是很好的榜样吗？答案几乎不可能是肯定的。还是那句话，要想承认并准确地描述事实，我们最好承认达·芬奇只在某些艺术方面具有大师水准；这种说法并不适用于他的全部工作。”

“这么说来，你认为世界上不存在真正的天才吗？”

“的确如此。而且，世界上也没有任何英雄或伟人。它们只是虚构的神话故事，我们这些有瑕疵的人之所以坚定地相信这些故事，是为了忘记我们是容易犯错误的、效率极低的动物——现在如此，未来很可能也将如此。所以，明智的做法是诚实地承认世界上没有天才或异乎寻常的人，只有做出异常行为的个体。而且，我们最好明智地评价他们的行为，而不是对他们本人进行神化——根据情况，也可能是妖魔化。人永远是人，不是神仙鬼怪。这很残酷，但它是事实。”

所以，我现在仍然在尽我所能，不断地向人们说明，除了使用过度一概而论的定义，他们永远无法成为英雄或天使，或者寄生虫或可怜虫。这种新方法是否总是能让人们相信他们不是自己通常所认为的那种毫无价值、毫无希望的“烂泥”呢？真可惜，答案是否定的。不过，实践证明，到目前为止，在“理性情绪行为疗法”中，这是一种有用的工具。

戴秉衡博士的讨论

1. 这种方法不能帮助一个人消除自己无价值感的原始经验基础。
2. 它倾向于鼓励人们拒绝为自己可能涉及的罪行承担责任。
3. 它过度强调治疗师的知识能力，可能会加强当事人的无能感。
4. 它未能刺激当事人自身的健康潜力，或者利用他自己的能力使问题相通。
5. 我们有理由怀疑，个体的个人价值感是否真的能够通过这里介绍的方法得到提高。由于作者宣称这是有效心理治疗方法的报告，因此读者可能希望看到关于有效性的一些证据，而这种证据完全没有得到提供。

阿尔伯特·埃利斯博士对戴博士的回复

戴博士对我拙文的讨论简短但极为中肯，让我试着做出简单的回答。

1. 是的，我的方法不能帮助人们解消自己无价值感的原始经验基础，在我看来，这样做的必要性甚至合适性并没有得到验证（而且几乎是无法验证的）。不管他们最初贬低自己的原因是什么，目前的状况在很大程度上来自他们的这样一种信念：他们仍然是“烂泥”，因为他们不完美，而且他们不应该不完美，他们一定不能不完美。我想他们生来就倾向于产生这种愚蠢的思想，并在成长过程中完全接受了这种思想。没关系！他们能够放弃这种思想，否则一切心理治疗就都失去了意义。“他们只能通过理解关于自身价值的思想的全部来源来改变这种思想”的理念只是一种理论，远远不是事实。

2. 告诉人们“因为他们存在，所以他们有价值”的做法并不会鼓励他们拒绝为自己可能犯下的任何不道德行为负责。相反，告诉他们“即使他们的一些行为是错误的，他们也不是坏人”的做法可以鼓励他们为自己的行为负责，承认他们犯了错误，专注于未来改进他们的行为。内疚和自责会助长压抑和抑郁。在自己可能犯错误的情况下无条件自我接纳则可以帮助人们诚实地认错，并在未来承担更大的责任。
3. 如果当事人因为治疗师展示出的知识能力而产生无能感，这恰恰是因为他们错误地相信，如果其他人（甚至是他们自己的治疗师）比他们强，他们就是没有价值的。“理性情绪行为疗法”倡导的技巧可以让他们知道，不管他们的治疗师（或者其他任何人）多么聪明，他们永远也不会失去价值。因此，这种方法可以明显降低他们的无能感。
4. 戴博士认为，教育人们如何理清思路的做法无法刺激他们自身的健康潜力，或者无法利用他们自身的能力使自己的问题相通。不过，整个教育史得到的结论似乎与此相反。如果戴博士是正确的，那么每个当事人（以及每个高中生和大学生）都应当关起门来进行独自冥想，而不是由治疗师和教师向他们传授各种有用的知识。
5. 对于我所简短介绍的方法，戴博士希望看到有效性方面的证据，这种要求是完全正当的。我只能说，我已经在大约2万名当事人身上使用了这种方法，大约20%的人似乎基本没有受到影响，80%的人似乎得到了明显的帮助。一位年轻的女性当事人只经历了一次对话（这次对话几乎完全由这种材料构成），就得到了很大的帮助，似乎放弃了自己根深蒂固的无价值感，脱离了严重的抑郁状态，开始在爱情生活和工作上展现出全新的面貌。

不过，对于任何心理治疗的有效性来说，案例史并不是非常好的证据，因为“有效性”主要是由治疗师评价的，而治疗师显然偏向于自己的方法。而且，人们通常只提供“成功”的案例，不太成功的案例则往往被略去。

相比之下，心理治疗研究不仅考察使用某种治疗方法的当事人小组，而且考察另一个控制小组，这个小组的当事人不接受治疗，或者接受另一种方法的治疗。在关于人类焦虑、抑郁和其他自我贬低症状的超过2000项研究中，理性情绪行为疗法（REBT）、阿伦·贝克的认知疗法（CT）、唐纳德·梅琴鲍姆的认知行为疗法（CBT）、阿诺德·拉扎勒斯的多重模式疗法（MT），以及其他遵守某些“理性情绪行为疗法”主要原则和实践的类似疗法得到了测试。大多数研究证明，以理性情绪行为疗法为导向的方法明显帮助人们降低了一无是处的感觉，变得更愿意接纳自己。

试试理性情绪行为疗法，亲自看看效果吧！这篇短文仅仅介绍了其中的少数方法。其他方法可以在纽约市阿尔伯特·埃利斯研究所提供的书籍和磁带上找到。

不过，对于初学者，我还要更加详细地重复一遍两个主要的REBT方法。如果你是个人，你可以通过这些方法感受到自身的价值；如果你是治疗师、引导师或教师，你可以教导其他人，帮助他们实现无条件自我接纳。

1. 选择将自己定义成“好”人或“有价值的”人，因为你是存在的，因为你是活人，因为你是人类，仅此而已。你不需要其他任何原因或条件！努力（即通过思考和行动）无条件接纳自己，不管你的表现是否“合适”或“良好”，不管其他人是否认可你。承认你所做的事情（或者没有做到的事情）常常是错误、愚蠢、不道德的，同时依然坚定地接纳犯错误的自己，尽最大努力纠正自己过去的行为。

2. 不要以任何方式对你自己、你的本质或你的存在做出全面整体评价。仅仅衡量或评价你的思想、感情和行为。正常情况下，将那些对你和你所选择的社会群体有帮助的、不具有自我毁灭性或反社会性的思想、情绪和行为评价为“良好”或“健康”，将那些危害自我、危害社会的思想、感情和行为评价为“糟糕”。还是那句话，努力改变你的“糟糕”行为，保持你的“良好”行为。不过，一定要坚定地拒绝对你自己、你的存在或你的个性进行任何整体评价或衡量。是的，一定要拒绝！

无条件自我接纳能够解决你（或你的当事人）的情绪问题吗？大概不能，因为理性情绪行为疗法认为你和其他人拥有三个基本的神经质问题：（1）诅咒或贬低你自己和你的存在，因而感到自己没有能力或没有价值；（2）因为其他人的“糟糕”行为而诅咒或贬低他们，从而使自己变得愤怒、不友好、好斗或产生杀气；（3）诅咒或抱怨你所生活的环境，从而降低挫折承受力，产生抑郁或自哀感。

如果你像这篇文章倡导的那样努力实现无条件自我接纳，那么你也会很容易实现无条件接纳他人（不是接纳他们通常的行为）。你也可以做到无条件接纳那些你努力去改变但是显然无法改变的糟糕的外部条件。这是因为，对于自己的愤怒有时是首先出现的，它也是对于其他人和对于世界的愤怒的基础。因此，如果你要求自己必须在工作、人际关系或运动上表现得比其他人更好，那么当你的表现不像预想的那样好时，你就会倾向于强烈憎恨你自己。由于自责会使你感到极大的焦虑和/或抑郁，由于你很容易对这种感情产生恐惧，坚持认为“我一定不能焦虑！我竟然会抑郁，这太糟糕了！”——因此，你会对自己的焦虑感到焦虑，对自己的抑郁感到抑郁，形成双重自我贬低。

感受到这一点，你可能会选择另一种想法：“其他人绝对不应该让我失败，他们太糟糕了！”这样一来，你就会对这些人感到愤怒。你也可能这样想：“我所生活的环境太恶劣了，这是绝对不应该的。环境如此糟糕，这太可怕了！我无法忍受！”于是，你会降低自己的挫折承受力。

所以，有条件自我接纳及其引发的无价值感可能鼓励你：（1）为自己的失败诅咒自己；（2）严重的焦虑和/或抑郁感；（3）为这些情绪困扰而贬低自己；（4）出于自卫目的，诅咒那些“使”你失败的人；（5）出于自卫目的，诅咒那些需要为你的失败“负责”的环境条件。这都是非常糟糕的结果！

无价值感是没有必要的。它在很大程度上是你贴在自己身上的标签，当你表现“糟糕”时，你可以选择（并且帮助你的当事人选择）将其替换成悲伤和遗憾这种健康的感情。这样一来，作为“有用的人”而不是“没用的人”，你更容易改变你能改变的事情。通过无条件自我接纳，你可以更好地改变残酷的现实，或者像雷茵霍尔德·尼布尔所说，你可以更好地拥有安宁的心境，去接纳（而不是喜欢）那些你无法改变的环境条件。

附录D

对戴维·米尔斯《战略自尊》的评论

戴维·米尔斯在我所提出的关于人类价值和自尊的主要思想中提取了一部分内容，写出了这篇重要的论文，对此我很高兴。如果人们遵从他所提出的观点，我无法保证他们一定能像米尔斯所说的那样减少焦虑，提高成就，但是出现这种结果的可能性很高。即使他们无法在人生中取得什么成就，他们也可以更加和平、更加快乐地独处以及与他人共处。还是那句话，这是很有可能的！

戴维·米尔斯给出的对于自我价值问题的解决方案——只评价一个人的做法、行为和表现，不去评价一个人的自我、存在或本质——正是我所说的那种优雅的解决方案。大多数人似乎天生就具有这样一种强烈倾向：不仅以比较准确的方式具体评价他们的表现，而且对他们"自己"进行全面的误导性评价。因此，我在临床上发现，我的理性情绪行为疗法当事人往往很难做到不评价自己、只评价他们在形成和参与思想、感受和行动时导致的结果。因此，我向他们大多数人传授了戴维·米尔斯以漂亮的笔法总结的"优雅"的哲学性解决方案；同时，我也向他们提供了关于自我概念的一个"不优雅"或者说实用的解决方案。例如，在理性情绪行为疗法最初的某次对话中，我对我的当事人说过这样一段话：

在你出生和成长过程中，你很可能形成了自我实现和自我挫败倾向，你可以用前者战胜后者。你生来就可以思考，并且可以对你的思想进行思考，还可以对你考虑自身思想的思想进行思考，这是自我实现的一个特点。因此，每当你做出自我挫败行为时，你可以观察自己的行为，以不同的方式思考，自由地改变自己的感觉和习惯。不过，这并不容易，而且你最好在这方面不断努力！

也许你的主要自我帮助倾向就是理智地评价或评估你所做的事情——你的行为是“良好”而有益的，还是“糟糕”而有害的。如果不衡量你的感觉和行为，你就无法重复“良好”的实践，改变“糟糕”的实践。遗憾的是，从生理角度和社会角度上说，你也倾向于将你自己、你的存在以及你的本质评价为“良好”或“糟糕”，并通过这些整体评价使自己陷入麻烦。正如普通语义学家阿尔弗雷德·科日布斯基 1933 年指出的那样，你并不等同于你的行为。你是一个在生命中做出几百万种行为的人——有些行为“不错”，有些行为很“糟糕”，有些行为“无关紧要”。作为一个人，你非常复杂，具有多面性，无法全面、整体、一般性地评价你自己（或者评价其他任何具有多元特点的人）。当你对你的“个性”进行这种整体评价时，你会认为自己是一个“优秀的人”，很可能优于其他人——这是一种自高自大的观点。更常见的情况是，由于你显然是一个可能犯错误的、不完美的人，你会把自己看作一个“糟糕的人”，很可能不值得同情，毫无价值，无法改变自己的行为，做出更好的表现。因此，自我评价会导致神化和妖魔化。当心这一点！——后退一步，仅仅评价你的行为，不去评价你是什么样的人。

不过，如果你很难拒绝对你自己和你的存在做出评价，你可以武断地告诉自己："我是'好'人，是'没问题'的人，因为我存在，因为我活着，因为我是人类。"这不是一个解决自我价值问题的优雅方案，因为我（或者其他任何人）可以反驳说："我认为，由于你是人类，由于你活着，所以你是'不好'的人，是'没有价值'的人。"哪种说法正确呢？二者都不正确：因为我们都在武断地对你的"好"或"不好"进行定义，而且我们的定义实际上无法证明或证伪。它们仅仅是定义而已。

不过，同相信你是"不好"的人或"无可救药"的人相比，将你定义成"好"人的做法会给你带来更好的结果。因此，这个不优雅的结论是有效的，是解决人类"价值"问题的一个比较好的实践性或实用性方案。所以，如果你想要评价你自己或你的存在，你可以通过定义、公理或套套逻辑的方式使用这种自我评价的"解决方案"。不过，正如我在《心理治疗中的理智和情绪》《人本主义心理治疗》《新理性生活指导》以及其他一些著作中指出的那样，正像戴维·米尔斯在这篇文章中强调的那样，更好的做法是在自我评价这个问题上使用"优雅"的"理性情绪行为疗法"解决方案。那就是，放弃所有关于自尊的想法，仅仅保留无条件接纳思想，选择接纳你自己、你的存在和你的人性，不管你是否表现良好，不管你是否能够得到重要人物的爱，不管你是否在学习、工作、运动或其他方面遭受挫折。

我经常对我所治疗的当事人说出上面这番话。正如戴维·米尔斯的贴切表述，你可以认识到，你可以失去自我形象，实际上，这种做法有助于减轻经常性的焦虑和压抑。你的目标可以是享受自己，而不是证明自己。在接下来的人生里，放弃你的自尊吧！

附录 E

智能法西斯主义

如果将法西斯主义定义成“拥有某些特点（比如白人、雅利安人或男性）的个体，本质上优于拥有某些其他特点（比如黑人、犹太人或女性）的个体，因此‘高人一等’的人应当拥有明确的政治和社会特权”这一武断的信念，那么大多数美国自由主义者以及所谓的反法西斯者其实都是智能法西斯主义者。实际上，我们的公民在政治和经济上越自由，他们往往越是倾向于智能法西斯主义。

根据上面的定义，智能法西斯主义指的是这样一种武断的信念：拥有某些特点（比如聪明、有文化、有艺术性、有创造性或有成就）的个体，本质上优于拥有某些其他特点（比如愚蠢、没有文化、没有艺术性、没有创造性或没有成就）的个体。智能法西斯主义信念之所以和政治社会法西斯主义信念一样武断，原因很简单：它没有支持性的客观证据。实际上，它所基于的价值判断或偏见是人为定义的，既无法由经验证明，也无法证伪。它是一群具有偏见的人所选择的价值观——这群人不一定占多数。

这并不是否认不同个体之间存在可以验证的差异。这种差异当然是存在的。黑人在某些方面与白人不同；矮个子与高个子不同；笨人与聪明人之间的区别也很明显。任何否认这一点的人都没能做到接受现实，不管他是否心存善意。

而且，人类的差异通常具有明显的优势以及劣势。深色皮肤的黑人似乎比浅色皮肤的人更加适应热带环境；同时，患有镰状细胞贫血症的黑人也比白人多。高个子通常比矮个子更加擅长打篮球；赛马和掌舵则是矮个子的拿手好戏。在电子计算机的设计和操作上，大量灰质是一个重要的必备条件；对于长距离开车，这可能是一个极大的不利条件。

所以，请接受这个事实：在某些条件下，一些人类特点优于或“好于”另一些特点。不管我们是否承认，这都是一个事实。在当今世界上，也许所有人“生而自由”，但他们显然并不“生而平等”。

在此基础上，重要的问题是：拥有某种优秀天资会使一个个体成为优于别人的人吗？更具体地说：如果某人是优秀的运动员、画家、作家或成功人士，那么他是优于别人的人吗？对于这些问题，政治社会法西斯主义者和智能法西斯主义者的回答都是肯定的，不管他们是否有意如此。

当我们考虑政治社会法西斯主义者或低级法西斯主义者时，这件事清晰而可怕，因为他们不仅开诚布公地告诉自己和世界，身为白人、雅利安人、男性或国家支持的政党成员是一件伟大而光荣的事情，而且同样开诚布公地承认，他们鄙视、厌恶那些不幸没有进入这些类别的人，认为他们是世界的糟粕。低级法西斯主义者至少有承认自身信仰的意识和勇气。

智能法西斯主义者或高级法西斯主义者就不是这样了。他们几乎总是为自己的自由和人道主义而自豪，认为自己并没有对某些人类群体抱有武断的偏见。不过，正是因为他们没有认识到自己拥有法西斯主义信仰，他们在社会影响上往往比低级法西斯主义者更加恶毒。

举一个例子。假设在我们的文化中，有两个人正在就某个问题争论。两个人都受过良好的教育，因此他们应该都是有知识的人，并且崇尚自由。当一个人对另一个人感到愤怒和厌恶时，他会如何称呼对方呢？“肮脏的黑人”“卑鄙的犹太杂种”或“黑眼睛孬种”？天哪，当然不是。“愚蠢的傻瓜”“呆子”“无知的笨蛋”？很有可能。这些诋毁话语中所包含的恶毒和全然的鄙视，与那些十足的法西斯主义者所说的社会、宗教和政治性侮辱语言有什么不同吗？请诚实地回答我：有什么不同吗？

假设受过良好教育、似乎有知识并且崇尚自由的人所蔑视的个体的确愚蠢而无知。这是罪恶吗？因为他如此痛苦，所以他就必须蜷缩着死去吗？因为他没有他的诋毁者认为他应当拥有的那种智能和知识水平，所以他就是一个完全没有价值的无赖吗？不过——现在让我们坚定而真诚地面对自己！——这个似乎崇尚自由的人所说的所指的不就是这样吗？——不就是拥有他不喜欢的特点的个体不值得生存吗？我们在日常生活中反驳、批评、判断其他人的时候不是经常提出这样的断言吗？（在这里，我们不难认识到自己的形象，不是吗？）

涉及高级法西斯主义的事实与涉及低级偏见的事实一样清晰。我们的社会不可能完全由雅利安人、高个子、白人组成，除非进行武断的种族灭绝或“优生学”淘汰；类似地，我们的社会也不可能完全由聪明人、具有艺术天赋的人或在某个行业取得成功的人组成。实际上，即使我们故意只让那些非常聪明、具有艺术天赋的个体相互交配，强迫其他人类断子绝孙，我们仍然很难得到一个完全由成功人士组成的人种。因为根据定义，在大多数需要付出努力的领域，只有相对较少的顶尖人员才能取得一流的成就，这种成就只是一种相对可能性，不是绝对可能性。

因此，至少在当今世界上，智能法西斯主义的隐性目标是一种不切实际的乌托邦。不是每个人都能拥有艺术或智力天赋，只有少数人能够做到这一点。如果我们要求所有人跻身这个少数群体，对于那些明显无法做到这一点的人，我们会无意识地对他们做出怎样的“判决”呢？很明显：判决他们因为自己的“缺陷”而接受责备和鄙视；判决他们是低等公民；判决他们憎恨自己，只能实现最低限度的自我接纳。

不过，智能法西斯主义的内在恶毒性还不止于此。低级法西斯主义或政治经济法西斯主义至少可以在心理上保护那些持有这种信仰的人，但高级法西斯主义无法提供这种保护，反而会毁掉持有这种信念的人。因此，政治社会法西斯主义者相信其他人因为没有某些“理想”特点而应受鄙视，而他们这些拥有“理想”特点的人则应当受到称赞。从心理学角度看，他们坚持认为自己高人一等，认为那些和他们不同的人低人一等，这种思想补偿了隐藏在他们内心深处的无能感。

智能法西斯主义者以类似的假设作为出发点，但他们更多时候会被“自制炸药”炸得粉身碎骨。他们起初可以认为自己是聪明的、有天赋的、可能取得成就的人，但他们最终必须证明这一点。因为归根结底，他们倾向于根据具体成就定义天赋和智能，而且从数学上看，在我们的社会里，杰出的成就是很少的，因此他们很少能够真正相信他们拥有自己随意神化的那种价值。

更糟糕的是，智能法西斯主义者常常像要求其他人那样要求自己拥有完美的能力和全面的成就。如果他们是优秀的数学家或舞蹈家，他们要求自己取得最大的成就。如果他们是出色的科学家或制造家，他们也必须成为一流的画家或作家。如果他们是卓越的诗人，他们不仅需要精益求精，而且必须同时成为伟大的恋人、社交名流和政治专家。作为人类，他们自然无法在许多或大多数领域取得成功。于是，当他们无法成为全才时，他们就会像苛责和轻视他人那样苛责和轻视自己。这是一种诗意的惩罚！

因此，不管他们的否认多么理直气壮——如果读者到现在没有因为内疚而局促不安，那么他们很可能会发出愤怒的尖叫；即便如此，我还是要坚定地说下去——如今典型的政治社会“自由主义者”在一些重要方面具有法西斯主义特点。这是因为，他们武断地将某些人类特点定义为“良好”或“优秀”；他们自动排除了其他大多数人取得他们那种“良好”标准的可能性；他们蔑视、对抗并以多种方式迫害其他人，因为这些人不符合他们随意制定的这些目标；最后，在大多数情况下，他们在某种程度上没能符合自己定义的标准，因此他们自己也陷入了自哀和自责的神经问题之中。

让我举一个恰当的例子。这个例子并非来自我的心理治疗实践（你应该能够想到，这是因为我所接触到的全都是各种憎恨自我的案例），而是来自我的那些神经症状似乎不那么强烈的熟人，我是故意这样做的。这个人和我相识多年，也许是因为他曾长期与工会保持来往，也许是因为他的父母被纳粹党人所杀，他为自己的反法西斯观点感到颇为自豪。不过，这个人不仅不和他认为无知人的来往（这当然是他的特权，正如音乐家拥有和其他音乐家混在一起的特权），而且谴责他所遇到的几乎每个人，因为他们“如此愚蠢”“真是白痴”或“令人完全无法忍受”。每当他发现他所遇到的人低于他所接受的智能标准时，他就会感到非常沮丧，并表示他无法理解“为什么他们让这样的人活着，如果没有这种笨蛋，世界一定会变得更加美好。”

还是这个人，他在许多年的时间里完全失去了写作短篇故事的欲望，由于我接触过许多具有类似观点的当事人，因此这完全符合我的预期。每当他阅读自己写下的段落时，他都认为这很“愚蠢”“不合逻辑”或“平淡无奇”，因此迟迟无法动笔。显然，他之所以努力写作，不是因为他喜欢这样做，或者因为他喜欢自我表达，而是因为他需要得到其他人的羡慕、接纳和承认。他的智能法西斯主义不仅损害了他的所有人际关系，而且破坏了他自己的创造力和潜在幸福。在我看来，这种人不在少数。

替代方案是什么？假设智能法西斯主义如今具有很大的规模，对人们的人际关系和内心世界有百害而无一利，那么他们应当用什么样的人生哲学取代它？你可能会说，当然，我不会建议毫无批判性的、温情的平等主义，即每个人完全接纳其他所有人并与之保持亲密关系、没人愿意在任何事情上做出优异或完美表现的理念，对吧？是的，我不会做出这样的建议。

相反，我认为人类存在重要的差异（同时也存在共同点），它们为生活带来了丰富的色彩；一个人可能会明智地和另一个人交往，因为这个人与众不同，而且可能在某些方面优于众人。同时，我也认为，一个人作为人类的价值无法用他的受欢迎程度、成功、成就、智能或任何其他类似特点来衡量，只能用他的人性来衡量。

更积极的说法是：我支持一种看上去具有革命性的学说，这种学说可以上溯到几百年前，甚至在某种程度上存在于拿撒勒的耶稣以及其他一些领袖人物的哲学中，那就是，人们之所以有价值，仅仅是因为他们存在，不是因为他们聪明、有文化、有艺术性、有成就或者拥有其他特点。如果任何一个人决定追求某个目标，比如在篮球、天体物理学或歌舞方面表现优秀，那么他在身高、智力、柔韧性或其他方面的特点可能有利于这种目的。不过，如果人类的主要目的是（在我看来）以某种令人满意的方式生活，那么他们仅仅通过行动、做事、存在（而不是以任何特殊方式行动、做事和存在）而生活和享受就是一件非常理想的事情。

让我们以最为直接的方式谈论这个问题，因为它是最容易混淆的事情。我没有以任何方式、形式和手段反对人们为实现指定目标而努力，并且为此不断练习某项任务、努力持续改进自身表现的做法。实际上，我相信，如果没有某种目标导向或者解决问题和完成长期项目的重要兴趣，大多数人无法生活得非常快乐。

不过，我仍然认为，人们实现、得到、解决或完成任何事情这一事实不能用于衡量他们的内在价值。如果他们在绘画、写作或制造有用产品方面取得成功，他们可能会更快乐、更健康、更富有或更自信。不过，他们不会成为更好的人，他们也不应该将自己看作更好的人。

在理性情绪行为疗法中，我们鼓励你完全不去评价你自己、你的整体、你的本质或你的存在，仅仅评价你的行为、做法和表现。

为什么说你最好不去评价你自己或你的本质呢？原因如下。

1. 对你自己或你的个性的评价是一种过度一概而论，而且实际上无法准确实现。事实上，你是由一生中的数百万种行为、做法和特点组成的。即使你能够完全意识到所有这些表现和特点（这是永远无法做到的），并能对它们给出一个评分（比如0 ~ 100分），你要怎样评分呢？评分的目的是什么？在什么条件下评分？即使你能够为数百万种行为给出准确的评分，对于做出这些行为的你，你如何得到平均分数或者整体分数？不太容易！
2. 你的行为和特点是不断变化的（今天你在网球、象棋或股市上表现不错，明天可能就不行了），类似地，你自己也在变化。即使你可以通过某种方式在某一秒钟为自己得到一个合理的整体分数，当你做新的事情、拥有更多经历时，这个评分还会不断变化。只有在你死后，你才能给自己一个稳定的最终评分。
3. 评价你自己、实现自我扩张和自尊的目的是什么？显然，是让你感到自己优于其他人：是以浮夸的方式神化你自己，使自己变得比众人更加神圣，是乘坐金色马车进入天堂。好极了——如果你能做到的话！不过，由于自尊似乎与阿尔伯特·班杜拉所说的自我效能高度相关，因此，只有当你表现良好，知道你将继续表现良好，能够保证你现在和未来永远都能在重要表现上匹敌或者胜过其他人时，你才能拥有稳定的自我力量。除非你能做到真正的完美，否则实现这些条件需要极大的运气。

4. 虽然评价你的表现并将其与他人的表现进行比较具有真正的价值，因为这可以帮助你提高效率，而且很可能会使你变得更加快乐，但评价你自己并坚持认为你必须成为优秀合格个体的做法，几乎一定会（除非你是完美的）使你在任何重要事务没做好时感到焦虑，在表现糟糕时感到抑郁，在其他人比你表现得更好时产生敌意，在环境影响到你的行为时感到自哀，同时认为你应该产生这些感情。除了这些影响神经和个人能力的感情，你可能还会产生严重的行为问题，比如拖延、退却、害羞、恐惧、沉迷、迟钝和低效。

由于这些原因，以及我在其他地方总结的其他原因，评价或衡量你自己或你的自我往往会使你变得焦虑、痛苦和低效。一定要评价你的行为，并且努力（不是拼命）做出良好表现。如果你做出合格的表现，你可能会更加快乐、健康、富有，或者更加相信你能够取得成就。不过，你不会成为一个优于别人的人，所以你最好不要把自己定义成优于别人的人。

如果你一定要评价你自己或你的个性——理性情绪行为疗法建议你不这样做，你最好这样来考虑：因为你是人类，因为你活着，因为你存在，所以你是有价值的。最好的做法是完全不要评价你自己或你的存在——这样你就不会遇到任何哲学或科学上的麻烦。不过，如果你一定要使用不准确的、过度一概而论的自我评价，比如“我是优秀的人”“我是有价值的”或“我喜欢自己”，请这样想：“我是优秀的人，因为我存在，不是因为我做了什么特别的事情。”这样，你就不会以死板、偏执、独裁的方式（即法西斯主义方式）评价自己。

人类特点的好坏是相对于目的来说的，这些特点本身谈不上好或坏、善良或邪恶。智力有益于解决问题；美感有益于享乐；坚持有益于成就；诚实有益于使人安心；勇敢有益于坦然面对危险。不过，智力、美感、坚持、诚实、勇敢或者任何其他有目的的特点本身既不是目的，也不是绝对的优秀品质（除非是人为定义）。而且，只要一个特点本身被定义成优秀品质，不具有这个特点的所有人都会被自动标记为邪恶或没有价值的人。这种武断的标签化也是一种法西斯主义。

那么，我们用什么来有效衡量一个人的价值呢？如果智力、美感、诚实或者你能想到的其他特点无法使一个人获得“好”或“有价值”的标签，什么能够做到这一点呢？

实际上，什么都不能。人类的所有“价值”仅仅是一种选择、一种决定。我们选择评价自己，或者不评价自己。我们几乎总是（因为这似乎是我们的天性或内在倾向）决定对自己进行总体评价。我们选择一些标准，用于进行这种评价。于是，如果我们（1）表现良好；（2）拥有良好、道德的性格特点；（3）赢得其他人的认可；（4）是有利的群体、社区或国家的成员；（5）相信某个神（如耶和华、耶稣或安拉）创造了我们并且爱我们，那么我们就会选择将自己评价成“好人”。

所有这些关于我们的“价值”或“优秀性”的“标准”实际上都是随意制定的，它们之所以有效，是因为我们选择相信它们。它们无法通过经验证实或证伪，除非我们相信它们。一些标准的效果很好，一些不太好，也就是说，它们会给我们带来或多或少的快乐，以及或多或少的情绪困扰。因此，如果我们保持理智，我们就会选择那些给我们带来最佳结果的个人“价值”标准。

根据理性情绪行为疗法，关于人类价值的最佳或最有效的标准很可能是不做自我评价——是的，不去衡量我们自己或自我。这样一来，我们只会评价我们的行为和特点，从而努力追求持续的生存和享受，而不是追求神化或妖魔化。而且，由于自我评价是无法验证的过度一概而论，所以我们可以在哲学上站得更加坚实。

不过，如果你一定要评价你自己或你的整体，为什么不将你的存在性和享乐作为评价标准呢？例如，试试这种理念："我活着，我选择维持生存，努力享受自己的存在。我会将我的存在性和存活性评价为'良好'，因为这是我的选择；如果我的生存的确变得过于痛苦或毫无乐趣，我可以理性地选择结束。同时，我认为我的存在（我的本身）是有价值的，因为我活着，而且我在活着的时候可以感觉、感受、思考和行动。我将其作为我的'真正'价值：我的人性，我的存在性、我目前对于不存在性的欺骗。"

在选择承认你的存在性和存活性有价值的基础上，你还可以选择其他子价值。例如，你可以决定快乐地、充满活力地、最大限度地或自由地生活。你可以判断，如果你的生存和快乐是好的，那么你帮助他人享受生活（同时你也和他们共同享受生活）也是好的。你可以为自己健康、和平、有成效的生活制订计划。一旦你选择将生活看作"有价值的"，你很可能也会选择生活在社会群体中，与其他人进行一些亲密交流，有成效地工作，参与一些有追求的娱乐活动。当你做出这些选择并为之采取行动时，你往往也会认为你的存在以及与之相关的享乐是有价值的。不过，所有这些价值及其衍生物不仅是你的祖先和环境给予你的，也是你所接受和选择的。它们之所以是"好"的，是因为你有意识或无意识地决定认为它们是"好"的。即使你认为它们是外部力量赐予你的，或者虔诚地相信上帝爱你（他把你造成了一个"好"人和"有价值的"人），你也显然选择了相信这些，并且选择了你的个人价值标准。因此，如果你够聪明，你就会承认，你做出了这种选择，而且会有意识地、真诚地（从现在开始）继续做出这种选择。

返回我们的中心主题：如果你坚持要评价你自己，而不是仅仅评价你的行为和特点，请选择仅仅因为你的存在性而将你看作有价值的人。同时，请努力将其他人看作"好"人，因为他们是人类，因为他们活着，拥有享乐的潜能。如果你为了自己的利益，希望和聪明人、有文化的人、高个子或其他类型的个体相处，这是你的权利——请和他们相处吧。不过，如果你坚持认为只有聪明人、有文化的人、高个子或其他类型的个体才是优秀或有价值的人，那你就想错了（除非遵循你个人提出的武断定义），因为你无法提出任何客观科学的证据支持你的偏见。即使你能煽动大多数人支持你——也许就像墨索里尼、希特勒和其他各种独裁者所做的那样，这也只能证明你的观点受人欢迎，不能证明其正确性。

因此，我们可以认为人们本身就是好的——因为他们是人，因为他们存在。他们可能对于某个特定目的来说是好的，因为他们拥有这种或那种特点。不过，这个目的并不等同于他们，这种或那种特点也不等同于他们。如果你想要因为你的目的而利用别人——比如与他们进行有文化的交谈，你就可以合理地希望他们是聪明的、有美感的、有教养的等。不过，请不要因为你希望他们拥有某些特点而坚持认为没有这些特点的人是没有价值的；不要将他们对你的价值与他们本身的价值混淆在一起。

这就是智能法西斯主义的本质。这种关于人类的信念认为人类所拥有的内在价值不仅来自他们的存在，而且来自他们的智力、天赋、能力或成就。它不仅得到了追随者的倡导，而且经常得到受害者的支持。它和政治社会法西斯主义仅仅在关注点上存在区别——它们是使用不同牌照的同一辆灵车。

情绪那点事儿

心理学大师·埃利斯经典作品
Ellis
控制愤怒
How to Control Your Anger Before It Controls You
机械工业出版社

心理学大师·埃利斯经典作品
Ellis
控制焦虑
How to Control Your Anxiety Before It Controls You
机械工业出版社

心理学大师·埃利斯经典作品
Ellis
理性情绪
Yourself Miserable About Anything
机械工业出版社

心理学大师·埃利斯经典作品
Ellis
我的情绪为何总被他人左右
How to Keep People from Pushing Your Buttons
机械工业出版社

The Anti-Anxiety Workbook
不焦虑的生活
14步带你回归平静

"全球情绪能力运动"先驱
汤姆·斯通的最新力作
精通情绪
充分乐享人生之道
所有人都能受益的情绪能力技术宝典
EMOTIONAL MASTERY
How to Live and Enjoy life to the Fullest
机械工业出版社

住在我心里的猴子
焦虑那些事儿
Monkey Mind

精神问题有什么可笑的
机械工业出版社

吃货的50种情绪减肥法
机械工业出版社

变态也有心理学

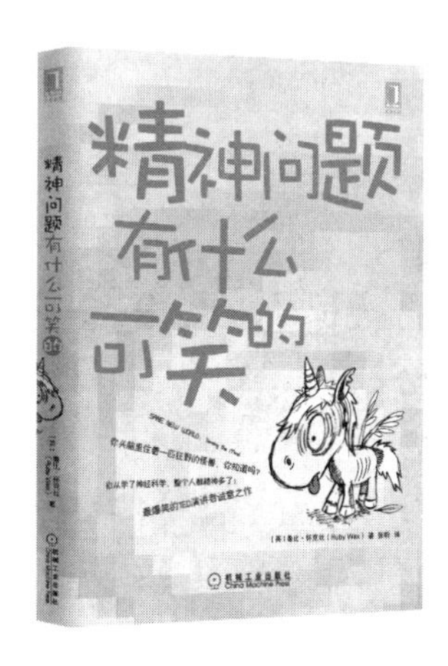

精神问题有什么可笑的

作者：鲁比·怀克丝 ISBN：978-7-111-48643-5 定价：35.00元

你头脑里住着一匹狂野的怪兽，你造吗？

变态心理学

作者：德博拉C. 贝德尔 ISBN：978-7-111-42997-5 定价：79.00元

被美国众多大学采用的变态心理学教材，
生动活泼，通俗易懂，案例丰富

穿西装的蛇

作者：保罗·巴比亚克 ISBN：978-7-111-48913-9 定价：39.00元

当代病态人格研究之父代表作；
如何识别公司里的吸血鬼——在他吃掉你之前

女巫一定得死：童话如何塑造性格

作者：谢尔登·卡什丹 ISBN：978-7-111-43081-0 定价：39.00元

童话讲述的是人类永恒的勇气和弱点，
以及如何在这个世界上生存

抑 郁

抑郁症（原书第2版）

作者：阿伦·贝克 ISBN：978-7-111-47228-5 定价：59.00元

认知治疗学派创始人贝克经典代表作，时隔40多年首度更新，抑郁症领域不可逾越的丰碑，心理学大师·贝克经典作品

不焦虑的生活：14步带你回归平静

作者：马丁 M. 安东尼 ISBN：978-7-111-48061-7 定价：39.00元

克服焦虑、恐惧、强迫的自助手册，心理咨询师的案头工具书

产后抑郁不可怕（原书第2版）

作者：卡伦 R. 克莱曼 ISBN：978-7-111-48341-0 定价：39.00元

世界著名产后抑郁专家
卡伦·克莱曼畅销20年经典著作
全新修订第2版

走出抑郁症

作者：王宇 ISBN：978-7-111-38983-5 定价：32.00元

在挣扎中寻求救赎
在绝望中找回真我
一个深度抑郁症患者的成功自救